はじめての老化学・病理学

— 人間科学のためのライフサイエンス入門 —

博士（医学） **千葉 卓哉** 【著】

コロナ社

推薦のことば

　日本は世界に類を見ない超高齢社会を迎えており，介護や医療費の問題，さらには労働人口の減少など，国としての存亡が危ぶまれる事態となっている．したがって，この問題を科学的，社会的に解決する方法を見出すことは喫緊の研究課題となっている．

　この問題の科学的な解決策の一つとして，健康で活動的な人生の期間である健康寿命を延伸しようとする研究や施策が実施されている．国民一人一人が健康長寿を実現し，社会に参加する期間を延長することで，苦難の時代を乗り切る必要がある．また，アンチエイジング（抗加齢）と呼ばれる外見や内面の老化現象を遅らせようとする研究や実践も行われている．不老長寿は人類の夢であり，古くから多くの人々が若さの泉（fountain of youth）を探求してきた．現在，アンチエイジングは動物実験では一部実現可能となっている．一方で，科学的根拠に乏しい商品も多数販売され，消費者に混乱を招いているのが現状である．

　本書は，長い間老化の研究を行ってきた著者によって，古典的な老化の理論から最新のアンチエイジングの基礎と応用，さらに老化に伴って発症してくるさまざまな疾患について教科書の形にまとめられている．理系から文系の幅広い領域での大学教育や，医療系専門学校での教科書としても，人間だれしも避けることのできない老化と死についての疑問に応える自己啓発の書物としても，本書は優れたものである．よって学生のみならず広く一般の方にも，科学的な視点から健康長寿やアンチエイジングを理解するきっかけとなることを願い，本書を推薦したい．

2016 年 3 月

修士（人間科学）　いとうまい子（女優）

まえがき

　この本を手に取られた人は少なからず，寿命や老化に興味のある方であろう。皆さんは老化と聞いてどのようなイメージを持つだろうか，多くの方はネガティブなイメージを持ち，避けることができないとわかっていても，できればそれに抗いたいと思っているのではないだろうか。

　老化とは，成熟後に始まる機能的な低下で，生体にとって有害なものであると定義される。ヒトを含め多くの生物は，発生・成長・成熟の後に老化が進行し始め，やがてはさまざまな病気を発症して寿命が尽きて死に至る。この生老病死は，仏教では人生において免れない四つの苦悩のこと，つまり四苦とされている。これまで，老化の過程とその結果としての寿命は確率的な事象として捉えられ，そのメカニズムの科学的な探求は，発生学などと比較すると遅れをとっていた。しかし研究が進み，アンチエイジング（抗加齢）も実験室においては，一部の生物の臓器や組織，あるいは個体としても実現可能になっている。

　秦の始皇帝の時代から，人類は不老不死に対する飽くなき探求を続けてきた。完全なる不老不死の実現は不可能であっても，老化の進行を遅らせ，さまざまな病気の発症を遅延させることは可能であると考えられる。これにより人が持つ生存能力を最大限に高め，結果として現在よりも平均寿命がさらに延びる時代がいつか訪れる可能性がある。

　本書では，老化の生命科学や学説について解説し，さらに老化に伴う疾患の発症について解説することで，科学的根拠に基づいた老化および抗老化のメカニズムを理解できるように構成したつもりである。生命活動を行ううえで必要な正常な活動，例えば心臓の鼓動や，筋肉の働きによる運動などを扱う医科学領域を生理学と呼ぶ。一方で，さまざまな病気に共通して見られる分子や細胞の振舞いを理解し，なぜわれわれは病気になるのか，病気が進行すると臓器・

組織はどのように変化するのか，病気の治療法としてどのようなものが考えられるか，などを扱う医科学領域を病理学と呼ぶ．例えば風邪などのありふれた病気であっても，病理学的に体にどのような変化が起こっているかを理解している人は少ないであろう．病理学の教科書には，老化について解説しているものも見られるが，その扱いはきわめて限定的である．本書は，寿命と老化を中心に解説しつつ，老化に伴って発症する比較的身近な疾患の病理学を学べるテキストとして構成した．本書を通じてわれわれがなぜ老化し，病気になり，やがて死に至るのかを考え，天寿を全うするにはどのような科学的に信頼される方法があるのかを理解して頂ければと思う．

　最後に，本書の執筆に協力して頂いた，大畑佳久博士，林洋子博士，林菜穂子さん，研究室の皆さんには大変お世話になった．また，コロナ社の皆様の励ましと協力がなければ本書が世に出ることはなかった，ここに感謝の意を表したい．

　2016 年 3 月

著　　者

目　　　次

第1部　現代科学と老化学・病理学

第1章　寿命・老化学概論

1.1　ヒトは何歳まで生きられるのか……………………………………… 1
1.2　ヒトの寿命は延長できるのか………………………………………… 2
1.3　アンチエイジングとは何か…………………………………………… 3
1.4　病理学と遺伝学………………………………………………………… 3
1.5　老化学が研究対象とする生物………………………………………… 4
1.6　老化の基礎研究と臨床研究…………………………………………… 6
1.7　わが国の死因と生活習慣病…………………………………………… 7
1.8　死亡率とゴンペルツ関数……………………………………………… 9
1.9　平均寿命の延伸と社会的課題………………………………………… 10

第2章　病 理 学 概 論

2.1　診療科と基礎医学教室………………………………………………… 14
2.2　病理学とは何か………………………………………………………… 14
2.3　個体を構成する階層…………………………………………………… 15
2.4　疾病の成り立ちと回復………………………………………………… 17
2.5　人体病理学と実験病理学……………………………………………… 19
2.6　病理学総論と病理学各論……………………………………………… 19

第3章　医科学研究の方法論

 3.1 顕微鏡による観察法……………………………………… 22
 3.2 組織標本の作製法………………………………………… 23
 3.3 Ｐ　Ｃ　Ｒ　法……………………………………………… 24
 3.4 DNA配列の解読法………………………………………… 26
 3.5 DNAマイクロアレイ解析法……………………………… 27
 3.6 古典的生物学から分子生物学の方法論へ……………… 27

第4章　長寿科学研究のいま

 4.1 カロリー制限とは何か…………………………………… 30
 4.2 老化研究に用いられるモデル生物……………………… 31
 4.3 植物由来の抗酸化成分…………………………………… 32
 4.4 サーチュインとは何か…………………………………… 34
 4.5 DNAの発現調節…………………………………………… 35
 4.6 タンパク質の修飾と立体構造…………………………… 36
 4.7 サーチュインタンパク質の細胞内局在と標的分子…… 36
 4.8 サーチュインタンパク質と寿命制御…………………… 37
 4.9 サーチュインタンパク質とカロリー制限……………… 38
 4.10 哺乳類におけるNAD合成系とサーチュインの働き…… 39

第5章　カロリー制限模倣物の候補とその作用

 5.1 サーチュイン活性化剤 —レスベラトロール—………… 41
 5.2 免疫抑制剤 —ラパマイシン—…………………………… 42
 5.3 降圧剤 —テルミサルタン—……………………………… 42
 5.4 抗糖尿病薬 —メトホルミン—…………………………… 43
 5.5 抗高脂血症薬 —プラバスタチン—……………………… 43
 5.6 抗肥満ホルモン —アディポネクチン—………………… 43

5.7　代謝改善剤 —ロシグリタゾン— ……………………………………… 44
　5.8　グルコース類似体 —グルコサミン— ……………………………… 44
　5.9　ニューロペプチドY活性化剤 —グレリン— ……………………… 45
　5.10　その他のカロリー制限模倣物 ………………………………………… 45

第2部　人間科学のための長寿科学

第6章　長寿科学入門

　6.1　平均寿命と健康寿命の違い …………………………………………… 48
　6.2　生物学的に見た寿命の延長戦略 ……………………………………… 49
　6.3　健康福祉産業の創造 …………………………………………………… 50
　6.4　セルフメディケーションと健康食品 ………………………………… 51
　6.5　一塩基多型と疾病 ……………………………………………………… 52

第7章　老化の定義とその特徴

　7.1　老化研究の目標 ………………………………………………………… 55
　7.2　加齢・老化・寿命・死とその定義 …………………………………… 56
　7.3　老化の特徴 ……………………………………………………………… 57
　7.4　死の三徴候 ……………………………………………………………… 57
　7.5　短寿命および長寿命変異体を用いた老化研究 ……………………… 58
　7.6　加齢とロコモティブシンドローム …………………………………… 60
　7.7　流動性知能と結晶性知能 ……………………………………………… 61

第8章　さまざまな老化の学説

　8.1　老化の基本学説 ………………………………………………………… 64
　8.2　個体レベルから分子レベルでの老化の仮説 ………………………… 66
　8.3　遺伝情報による寿命の支配と環境による修飾 ……………………… 67

第 9 章　老化の分子メカニズム

9.1　ミトコンドリアとフリーラジカル ……………………………… 70
9.2　フリーラジカルによる生体分子への影響 ……………………… 71
9.3　酸化ストレスと老化疾患の発症 ………………………………… 73
9.4　紫外線による DNA の修飾 ……………………………………… 74
9.5　酸化ストレスの抑制と寿命 ……………………………………… 75
9.6　細 胞 の 老 化 ……………………………………………………… 76
9.7　細胞老化と個体老化 ……………………………………………… 77
9.8　細胞周期とテロメア ……………………………………………… 78
9.9　老化細胞の形質 …………………………………………………… 78
9.10　有性生殖と老化 …………………………………………………… 79
9.11　免疫機能の低下と個体の老化 …………………………………… 80
9.12　神経内分泌（ホルモン）と老化 ………………………………… 81

第 10 章　環境や遺伝子が老化に及ぼす影響

10.1　エピジェネティクスによる寿命の制御 ………………………… 83
10.2　環境因子と発ガン ………………………………………………… 84
10.3　ストレスと老化 …………………………………………………… 85
10.4　老化促進と早老症 ………………………………………………… 85
10.5　早老症と部分的早老症 …………………………………………… 86
10.6　動物の体の大きさと最長寿命 …………………………………… 86
10.7　有性生殖と無性生殖 ……………………………………………… 87
10.8　進化の過程における老化形質の選択 …………………………… 87
10.9　老化の多面拮抗発現説 …………………………………………… 88
10.10　老化の使い捨て体細胞仮説 ……………………………………… 89

第11章　抗老化の実験研究と実践

11.1　カロリー制限した動物と長寿命変異体の類似性 ……………… 91
11.2　カロリー制限によって発症・進行が抑制される疾患 …………… 93
11.3　カロリー制限にはなぜ抗老化効果があるのか ………………… 94
11.4　GH/インスリン/IGF-1 シグナル伝達系による寿命制御 ……… 95
11.5　レプチンによる神経内分泌系の制御 …………………………… 95
11.6　遺伝的肥満型ラットに対するカロリー制限の影響 ……………… 96
11.7　霊長類に対するカロリー制限の効果 …………………………… 97
11.8　カロリー制限の効果を模倣する物質の候補 …………………… 98
11.9　カロリー制限の負の側面 ………………………………………… 99
11.10　科学的かつ安全なアンチエイジング …………………………… 100

第12章　栄養素の代謝と吸収

12.1　代謝のあらまし …………………………………………………… 102
12.2　代謝とエネルギー産生 …………………………………………… 103
12.3　食品の機能性 …………………………………………………… 105
12.4　糖質代謝と食物繊維 …………………………………………… 107

第3部　人間科学のための病理学

第13章　疾病の成り立ち

13.1　疾病のカテゴリー ………………………………………………… 109
13.2　病理学から見た生体の反応 …………………………………… 110
13.3　病因とは何か …………………………………………………… 112
13.4　内因と外因の組合せによる疾病の発症 ……………………… 113

第 14 章　細胞傷害と細胞の応答

- 14.1　細胞傷害の要因 ……………………………………… *116*
- 14.2　異常封入体とその形態 ……………………………… *117*
- 14.3　細胞傷害による細胞の形態変化 …………………… *117*
- 14.4　細胞傷害の原因と酸素の役割 ……………………… *118*
- 14.5　不可逆的変化と細胞死 ……………………………… *119*
- 14.6　壊死とアポトーシス ………………………………… *119*
- 14.7　壊死の種類とその形態変化 ………………………… *120*
- 14.8　アポトーシスとその形態変化 ……………………… *121*
- 14.9　アポトーシスのメカニズム ………………………… *121*
- 14.10　細胞傷害に対する適応 …………………………… *122*
- 14.11　肥大の分類と原因 ………………………………… *123*
- 14.12　萎縮の分類と原因 ………………………………… *123*
- 14.13　化生と発ガン ……………………………………… *125*
- 14.14　再生力と再生の種類 ……………………………… *125*
- 14.15　ヘテロファジーとオートファジー ……………… *126*
- 14.16　細胞傷害による代謝異常 ………………………… *126*

第 15 章　生活習慣と関連した疾病

- 15.1　循環器系とは何か …………………………………… *128*
- 15.2　虚血とその原因 ……………………………………… *129*
- 15.3　全身性の循環障害 …………………………………… *130*
- 15.4　出血の種類 …………………………………………… *130*
- 15.5　炎症と浮腫 …………………………………………… *131*
- 15.6　生活習慣病とその要因 ……………………………… *132*
- 15.7　高血圧症とその要因 ………………………………… *132*
- 15.8　脳卒中の分類 ………………………………………… *133*

- 15.9 虚血性心疾患とその要因 ……………………………………… *133*
- 15.10 血糖値の調節と糖尿病 ………………………………………… *134*
- 15.11 糖尿病の合併症 ………………………………………………… *135*
- 15.12 脂質代謝異常と肝疾患 ………………………………………… *136*
- 15.13 肥満とアディポサイトカイン ………………………………… *136*
- 15.14 血管の老化と動脈硬化症 ……………………………………… *137*
- 15.15 痛風とその要因 ………………………………………………… *138*
- 15.16 メタボリックシンドロームとその定義 ……………………… *138*

第16章 腫　　　瘍

- 16.1 腫瘍とは何か …………………………………………………… *140*
- 16.2 腫瘍の形態と分化度 …………………………………………… *140*
- 16.3 腫瘍の細胞異型と構造異型 …………………………………… *141*
- 16.4 良性腫瘍と悪性腫瘍の違い …………………………………… *141*
- 16.5 組織発生による腫瘍の分類 …………………………………… *142*
- 16.6 腫瘍の発生病理 ………………………………………………… *143*
- 16.7 腫瘍発生の二段階説（多段階説）……………………………… *144*
- 16.8 発生するガンと年齢との関連 ………………………………… *145*
- 16.9 悪性腫瘍の転移様式 …………………………………………… *145*
- 16.10 腫瘍の診断と治療法 …………………………………………… *146*
- 16.11 放射線障害と発ガン …………………………………………… *147*

引用・参考文献 …………………………………………………………… *150*
索　　　引 ………………………………………………………………… *157*

☕ コーヒーブレイク

実験動物が与えてくれる科学的進歩 ································ 13
生命科学系研究者のキャリアパス ···································· 20
科学研究のインパクト ·· 29
学術研究と営利企業の関係と利益相反 ································ 40
ラスカー賞の日本人受賞者 ·· 47
TLO（技術移転機関）··· 54
老化と寿命を左右する遺伝子とその名前の由来 ························ 63
老化のフリーラジカル説 ·· 69
徐 福 伝 説 ··· 82
オーファンドラッグとアンメットメディカルニーズ ···················· 90
コンビニエンスストアで100円当たり最も高カロリーな食品は何か ·· 101
生体における栄養素代謝とサプリメント ····························· 108
遺伝子による寿命の決定 ··· 115
慢性閉塞性肺疾患と肺炎 ··· 127
BMIと平均余命 ··· 139
遺伝的要因によっておこるガン ····································· 149

第1部　現代科学と老化学・病理学

第1章
寿命・老化学概論

　人間だれしも生まれてから成長し，やがて年老いては死んでいく。若いうちは肌の艶やハリ，弾力があるが，年を取るにしたがって，肌のきめは粗く，たるみも見られるようになってくる。また，髪の毛も年とともに抜け落ち，色も白くなっていく。特に女性にとっては見た目の若々しさは気になるところであろう。このような見た目の変化や体の内部で老化が進行しているとき，どのような分子，細胞そして組織の変化が起こっているのかさまざまな研究が行われている。本章では，寿命・老化学の導入として，ヒトの寿命や老化研究に使われる生物などについて説明する。

▶ 1.1　ヒトは何歳まで生きられるのか ◀

　人類史上，最も長く生きた人の年齢は何歳であろうか，150歳？ 180歳？ 正解は フランス人女性のジャンヌ・カルマンさんで122歳と164日である[1]†。もしかすると，過去にこの人よりも長生きしていた人物がいたかもしれない。しかし，出生証明が正確に残っており，研究者の間で最長寿と認めているのはジャンヌ・カルマンさんである。日本人の最長寿記録は2015年に亡くなられた大川ミサヲさんの117歳となっている（2016年1月現在）。
　生活習慣から長寿の秘訣を探ることは重要であるが，ジャンヌ・カルマンさんは酒もタバコも大好きであったことが知られている。さらに117歳まで生きたアメリカ人女性のルーシー・ハンナさんは大の野菜嫌いとのことであった。150歳や200歳まで生存した人物がいたという魔女伝説のようなものがある

---

†　肩付き数字は巻末の引用・参考文献番号を表す。

が，生物にはその種に固有の**最大寿命**（maximum life span）があり，人間の場合は120歳程度であると考えられている。これはわれわれの臓器，組織が120年間しか持ちこたえられないとも言えるが，一方で条件が整えば人間は120歳まで生きられるということを意味している。家庭でペットとして飼育される犬や猫はおよそ15〜20年生きるが，50年，60年生きるという犬や猫はいない。実験に使われる通常のマウスやラットは，実験室内の理想的な飼育環境でも，およそ3〜4年で寿命が尽きてしまい，10年，15年生きるというマウスやラットはいない。

▶ 1.2　ヒトの寿命は延長できるのか ◀

いわゆる**寿命**は英語でライフスパン（life span）であるが，これに対して**健康寿命**は**ヘルススパン**（health span）と呼ばれる。健康寿命とは，寝たきりや痴呆のない健康で介護を必要としない期間を意味しており，新しい寿命の概念として重要視されている。また近年では，**生活の質**（**QOL**；quality of life）という概念も注目されている。生活の質が保たれていない状態で長生きしたとしても，それはあまり意味のあるものとは言い難い。つまり，たとえ90歳や100歳まで生きたとしても，最後の20年間は寝たきりの状態であったならば，平均寿命がいくら延長したとしてもその実情は幸福であるとは言えないであろう。

2015年現在のところ，わが国の健康寿命と平均寿命の間には約10年の開きがあり，これをできるだけ縮めることも老化研究の目標の一つである。病気をせず，できればさまざまな薬を飲まずに，さらに運動能力も十分保ちながら生活していける期間をいかに延ばすかという点が，基礎・臨床医学的にも，さらに社会学的にも注目されている。今後の超高齢社会を乗り越えるにあたり，莫大な支出が予想されている医療費の削減を実現するうえでも，国民の健康寿命の延伸は重要な課題である。

1.3 アンチエイジングとは何か

近年よく耳にする言葉として**アンチエイジング**（anti-aging）がある。「アンチ」は抗う，「エイジング」は年を取る，加齢するであり，アンチエイジングは「抗加齢」と日本語では訳され，年を取ることに抗うという意味である。老化は避けられないが，その進行，特に外見の老化速度に個人差があることは，40代に入って同窓会などに出席すると実感することであろう。不老不死はまだまだ夢物語ではあるが，老化の進行を防ぎ，できるだけ見た目も，さらに体の内面も若く保つ方法の探索研究が科学的に盛んに行われるようになってきた。それはアンチエイジングが病気の予防や進行を防ぐことと密接に関連しているためである。

食事や運動によるアンチエイジングの実践，あるいはアンチエイジング作用を発揮する薬やサプリメントの開発を行っている企業は多数存在する。そういった薬，サプリメントまたは食品成分については，5章などで詳しく解説している。アンチエイジングの科学的基盤に関する内容を理解するには，生物学，生化学，病理学，そして遺伝学を理解する必要がある。

1.4 病理学と遺伝学

病理学（pathology）という学問領域をはじめて聞く人もいるかもしれない。病理学とは文字どおり，病気を理解する学問である。すなわち，なぜヒトは病気になるのか，動物は病気になるのか，ということを理解する学問である。なぜ病気は発生するのか，その病気の原因は何か，病気になったらどのような変化が体に発生するのか，その後病気が進行していくと体はどうなるのか，そして最終的にその病気によってヒトや動物の体はどうなるのか，最悪死亡してしまうのか，あるいは治る場合はどのようにして治っていくのか。これらについて学ぶ学問が病理学である。病理学についてはつぎの2章で概説し，

さらに第3部の13章以降で詳しく解説している。

　生物の体は細胞から構成されており，この細胞の中にある細胞核に遺伝子が含まれている。生物の遺伝子配列はアデニン(A)，グアニン(G)，シトシン(C)，そしてチミン(T) の四つの塩基の配列によって構成されている。ヒトの遺伝子配列はこの塩基が約30億塩基並んで構成されており，生物を構成しているこの遺伝情報を**ゲノム**（genome）と呼んでいる。ゲノムに含まれる遺伝子（タンパク質を作る基になる遺伝情報）はヒトの場合，約23 000と考えられている。そのわずかな違いがわれわれの外見上の違い，例えば背が高い，低いや，あるいは目の色や，髪の毛の色，さらにはさまざまな体質などの「個性」を規定している。また，たとえ30億分の1の違いであっても，重篤な病気を引き起こす原因となることもある。デンマークの一卵性双生児（遺伝子配列は双子間で基本的にまったく同一である）と二卵性双生児（遺伝子配列は通常の兄弟と同様に異なる）での寿命の違いを比較した研究から，ヒトの寿命の約25〜30%は遺伝子によって規定されていると考えられている[2]。

　寿命以外にも，さまざまな病気の罹りやすさが遺伝子によって規定されていることが明らかになっている。遺伝学的に明らかとなった疾患感受性や遺伝病について，病理学的な研究によってその発症メカニズムの解明が進んでいる。

▶ 1.5　老化学が研究対象とする生物 ◀

　どういった生物などを研究対象として研究していくかは，老化研究を実施するうえで重要である。ヒトを研究対象とする場合は，寿命が長いため研究期間が非常に長くなる。また，当然ながら遺伝子の操作など，分子生物学的な研究を行うことは個体レベルでは不可能である。そのため**モデル生物**（model organisms）と呼ばれる線虫やショウジョウバエといった多細胞生物が，寿命が短く，遺伝子の機能を改変する操作なども容易に行えることから，老化研究によく使われる。しかし，ヒトとは体の構造がかなり異なっており，病気の発症機構などを解析するには不向きである。そこで，ヒトに近い高等生物である

哺乳類として，マウスやラットを実験に使用することが多い。特にマウスは，ある特定の遺伝子を破壊する，またはある特定の遺伝子の発現を上昇させる，強化するといった遺伝子改変動物の作製が比較的簡単にできるようになっている。そのため，老化や寿命に関わると考えられる遺伝子の機能を操作して，実際にそのマウスの寿命がどう変化するか，あるいは，ガンや生活習慣病の発症頻度がどのように変化するかといったことなどを解析する研究が盛んに行われている。外見上はヒトとマウスではまったく異なるが，腹腔内の臓器の配置はきわめて類似しており，ゲノムの大きさや，そこに含まれる遺伝子の数もほとんど違いがない（**表1-1**）。

表1-1 さまざまな生物の総塩基数（ゲノムサイズ）と遺伝子数[3]

	総塩基数	遺伝子数
大腸菌	4 639 221	4 405
酵　母	12 068 000	6 144
ショウジョウバエ	180 000 000	13 338
線　虫	100 000 000	18 256
シロイヌナズナ	125 000 000	25 706
マウス	2 600 000 000	23 000
ヒ　ト	2 880 000 000	23 000

また，ヒトなどから採取した細胞を使った老化研究も行われている。マウスなどの個体を使った，個体老化の研究と区別するため，細胞老化（cellular aging）の研究と呼ばれることもある。ガン細胞は，基本的に無限に増殖することができる。ところがわれわれの体の，例えば皮膚の細胞を取り出して，少し処置をして培養ディッシュと呼ばれる特別な容器の中に入れて培養しても，ある一定回数以上分裂すると細胞分裂を停止し，培養することができなくなる。これを分裂寿命と呼び，細胞には分裂可能な回数に限界があることを示唆している。この現象の発見者であるレオナルド・ヘイフリック（Leonard Hayflick）の名にちなんで，この分裂の限界を**ヘイフリック限界**（Hayflick limit）と呼んでいる。このことは細胞自身が分裂回数を何らかの形でカウント

している，すなわちモニターしている可能性を示唆しており，現在その分子メカニズムについての研究が進んでいる。

実験動物を使った研究を行うには，所属する研究機関などが設置している動物実験委員会に詳細な研究計画書を提出して承認を受ける必要がある。また，実際に動物実験を行うにあたって所属機関などが提供する講習会を受講し，動物の愛護及び管理に関する法律，遺伝子組換え生物等の使用等の規制による生物の多様性の確保に関する法律などを遵守して研究を行う必要がある。

▶ 1.6　老化の基礎研究と臨床研究 ◀

基礎研究と聞くと単純なことを行っているのかと想像するかもしれない。しかし，医科学研究の場合，基礎研究と呼ぶ場合は基礎医学研究のことを指す。基礎医学の対照語は臨床医学である。臨床とは読んで字のごとく，「床に臨む」ことであり，ベッドサイドで実際に患者を診るという意味が含まれる。基礎医学とは直接患者と接しない代わりに，病気のメカニズムを患者由来の細胞や，あるいは実験動物を用いて研究する学問である。実験台のことをベンチと呼ぶことから，基礎研究はベンチサイドの研究と呼ばれることもある。

基礎老化学研究は，モデル生物を使った研究，あるいはマウスや培養細胞を使って研究する領域から，ヒトの細胞を使った研究まで，おもに老化や病気の発症の分子メカニズムを明らかにしようとする学問である。また，糖尿病やアルツハイマー病に似た症状を示すマウスも数多くの種類が存在し，そのような症状を示す疾患モデル動物を使って病気の発症や治療法の研究が行われている。

臨床医学は診療以外に，ヒトを対象とした研究と実践を行う。食事や運動，遺伝子解析などヒトを対象とする老化研究も盛んに行われている。モデル生物やモデル動物，そしてヒトを対象とした，基礎研究と臨床研究は密接に関連している。基礎研究で培った技術や，発見された薬の候補となる化合物をヒトに応用する研究は，**トランスレーショナルリサーチ**（translational research）と呼ばれており，近年注目を集めている分野である。しかし，基礎研究の成果を

臨床応用するにはさまざまな困難や障壁があり，その溝の深さ，研究開発の難しさを指す言葉として**死の谷**（death valley）という言葉が使われることがある。これには科学技術の進展以外にも，新薬などの上市（市場に出て市販されること）には資金面や法律面など，さまざまな問題を解決しなければならないことを意味している。

▶ 1.7　わが国の死因と生活習慣病 ◀

　悪性新生物（ガン），糖尿病，高血圧症など生活習慣により発症が左右される疾患群は生活習慣病と呼ばれている。喫煙，運動不足，脂肪を多く含む食事をよく食べる，そして過度な飲酒などが悪い生活習慣として挙げられる。以前は成人病と言われ，成人以降に病気になる確率が高い病気と重複する疾患が多い。これらの疾患は，生活習慣を改めることによって発症，進行を防ぐことが可能な場合が多い疾患であることを，広く国民に注意喚起するという狙いから，**生活習慣病**（lifestyle related disease）という呼称が使われるようになった。

　図 1-1 に示したように，わが国の死因の第一位は，戦前，戦後まもなくの間は結核であった。その後，昭和 50 年代半ばまでは脳血管疾患，それ以降はガンが死因の第一位を占めるようになっている[4]。

　現在，ガンはわが国の 2 人に 1 人が罹患している。そして国民の 3 分の 1 がガンで亡くなっている。結核による死者は抗生物質の開発により激減し，脳血管疾患，いわゆる脳卒中も血栓溶解剤などの開発や救急医療体制の発展により死者の数は減少している。しかし，一命を取り留めても半身麻痺などの重い後遺症を伴う場合があり，介護を必要とする患者が増加している。一方で，心筋梗塞などの心疾患は食生活の欧米化などにより動脈硬化症が増えたため，現在も死者が増加傾向にある。心疾患，脳血管疾患はともに血管の病気であり，合わせると死因の約 25％を占めている。さらにガンも含めると国民の約 60％がこの三大疾病によって命を落としていることになる（**表 1-2**）。死因としての老衰は，高齢者でほかに記載すべき死亡の原因がない，いわゆる自然死の場合に

1. 寿命・老化学概論

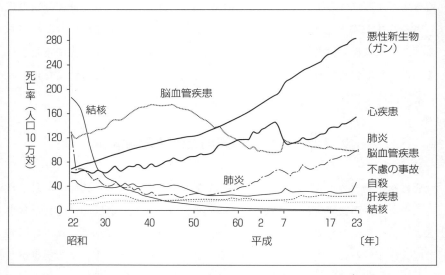

図1-1 わが国のおもな死因別に見た死亡率の年次推移[4]

表1-2 男女別に見た死因順位別死亡数とその構成割合（平成26年度）[5]

順位	男 死因	人数〔人〕	死亡総数に占める割合〔%〕	女 死因	人数〔人〕	死亡総数に占める割合〔%〕
	全死因	660 335	100.0	全死因	612 669	100.0
1	悪性新生物	218 397	33.1	悪性新生物	149 706	24.4
2	心疾患	92 278	14.0	心疾患	104 648	17.1
3	肺炎	64 780	9.8	脳血管疾患	59 212	9.7
4	脳血管疾患	54 995	8.3	老衰	57 073	9.3
5	不慮の事故	22 562	3.4	肺炎	54 870	9.0
6	老衰	18 316	2.8	不慮の事故	16 467	2.7
7	自殺	16 875	2.6	腎不全	12 841	2.1
8	慢性閉塞性肺疾患（COPD）	13 002	2.0	大動脈瘤および解離	7 816	1.3
9	腎不全	11 935	1.8	血管性などの認知症	7 566	1.2
10	肝疾患	10 031	1.5	自殺	7 542	1.2

のみ用いられる。死因の上位を占めるおもな疾患については第3部で説明する。

男性の90歳以上に注目すると死因の第一位が肺炎である。感染性のものや，誤嚥性と言って食べ物が誤って気管や肺に入ることによって起こる肺炎もある。平均寿命が延びて高齢者が増えたことにより，ガンでは死亡しなかった高齢者の多くが肺炎によって死亡するケースが増えていると考えられる。

▶ 1.8 死亡率とゴンペルツ関数 ◀

老化の結果として，最も明瞭な指標の一つは**死亡率**（mortality rate）の上昇である。死亡率はある年齢における1年間の死亡者の割合（翌年に生存していない確率）を意味し，年齢とともに指数関数的に増加する。縦軸に死亡率を対数で表し，横軸には年齢をとってグラフを作成した場合，死亡率は**図 1-2** に示したように30歳後半から一次関数的（直線的）に増加する。乳幼児の死亡率は高く，その後思春期まで減少し，老化が始まる35歳ぐらいまでは比較的一定に保たれる傾向がある。この関数は，**ゴンペルツ関数**（Gompertz function）と呼ばれ，19世紀の保険数理学者，ベンジャミン・ゴンペルツ（Benjamin

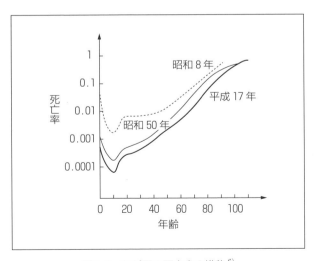

図 1-2 わが国の死亡率の推移[6]

Gompertz) が考案した関数である。この関数の直線部分は老化の速度（死亡率の増加速度）を表しており，死亡率が2倍になる期間は**死亡率倍加期間**（MRDT；mortality rate doubling time）と呼ばれ，ヒトの場合は約8年である。つまり，40歳の人よりも48歳の人は約2倍死亡率が高く，56歳の人と40歳の人との比較では約4倍高くなる。

ゴンペルツ関数の直線部分を延長した場合に縦軸と交わる点を**初期死亡率**（IMR；initial mortality rate）と呼ぶ。昭和8年から平成17年の間に平均寿命は40歳近く延長したが，この間老化の速度は変化しておらず（直線の傾きに変化がない），初期死亡率が低下（直線が下のほうに移動）したことが寿命の延長に大きく寄与していることがわかる。すなわち，衛生環境の改善や，医学的な進歩によって新生児や乳幼児の死亡率が低下してきていることが，わが国の平均寿命の延伸に大きく影響していることを意味している。わが国の平均寿命は，縄文時代では17歳，明治初期で32歳，昭和22年にようやく50歳を越えたとされている[7]。しかし，これらの時代にも，80歳を越えるような長寿者が一定数は存在していたと考えられる。

ゴンペルツ関数で興味深いのは，90歳や，さらに超高齢者である100歳くらいになると，この直線から外れて死亡率が低くなっていくことである（直線の傾きが緩くなる）。90歳の壁を超えた段階で，何らかの選択，例えばガンで死亡する確率が大きく低下するなどが起こっている可能性が考えられる。

▶ 1.9 平均寿命の延伸と社会的課題 ◀

経済成長によって収入が増え，栄養状態の改善，生活の質，そして生活水準が改善し，わが国の平均寿命が延びたと言える（**表1-3**）。また，公衆衛生思想の普及，抗生物質やワクチンの開発による感染症の減少，そして中高年の脳卒中などの諸疾患の死亡率低下，早期診断による予防的な治療方法が発達してきたことによりさまざまな疾患による死亡率が減少してきた。

平均寿命が延びることは喜ばしいことであるが，一方で日本では少子化も同

表1-3 わが国の平均寿命が延びた理由

要因	詳細
社会学的要因	栄養状態の改善
	公衆衛生思想の普及
	生活水準の向上
医科学的要因	乳幼児死亡率の低下
	結核による死亡の減少
	脳卒中などの疾患による死亡率の低下

時に進んでいる。そのため，増大する国民医療費や年金，介護保険を維持できるかが懸念されている。2025年には高齢者（65歳以上）の医療費，介護費用，年金を合わせると91兆円に到達すると試算され，これをすべて消費税でまかなうためには消費税率を33％にまで引き上げる必要があると考えられいる。労働人口の減少は避けられないが，わが国が今後も持続可能な社会を構築できるかは，少子高齢化問題を科学的にも社会学的にも解決していく必要がある。

世界保健機関（**WHO**；World Health Organization）によると総人口の7％が65歳以上の高齢者になった場合に高齢化社会，14％になると高齢社会，21％になると超高齢社会と呼ばれる。「化」はそのプロセスを表しているが，日本は2007年にすでに超高齢社会に到達している。2020年には国民の4人に1人が高齢者，2050年では3人に1人が高齢者になると予測されている。

超高齢社会を乗り切るには，高齢者も可能な限り健康を維持して社会参加してもらう必要がある。若者の働く場を制限しない程度に，地域のコミュニティなどにおいて，それまでに培った技術や知識を用いて，社会貢献してもらう必要がある。また，ある程度裕福な老後を暮らせる人には，しっかり消費して経済を円滑に進めてもらうことも重要であろう。2015年時点でわが国の個人金融資産は1600兆円を超えており，1億円以上の金融資産を持つ世帯数は100万世帯を超えている[8]。老後に不安があり，どの程度貯蓄や消費をするのが適切であるか判断がつかず，いわゆるタンス預金となっている資産も多いであろう。

生命保険は短命で人生が終わってしまう場合に備え，家族に生活資金を残すことを目的として加入するものである。一方で，年金はリタイアした後も長生

きした場合に備えて加入するものである．持病がある場合などは医療費がかさむため，長生きすることも経済的なリスクになる．65歳で定年を迎え，95歳で亡くなった場合を考えてみる．退職後の30年の間に年間400万円の支出が必要であるとすると，1億2千万円の資金が必要である．現在のところ，公的年金のみでは年間約80万円，30年間で2 400万円しかカバーされず，さらにこの支給が本当に今後も持続可能であるか多くの国民は疑っている．貯蓄しないと将来が不安であるが，個人消費が増えないと経済成長が見込めない．そのため現役世代の給与が増えず，さらに年金の掛け金も限られてくるなど悪循環が続いていく．

　健康寿命の延伸はこれらの問題の解決の一助となり得るであろうし，アンチエイジング関連の商品の売上げにより，経済成長にも貢献すると期待されている．このように，超高齢社会が抱える問題は，さまざまな研究分野が**学際的**（interdisciplinary）な研究を行う必要があり，まさに人間科学的なアプローチが課題解決には必要である．

実験動物が与えてくれる科学的進歩

"Is it true that mice save more lives than 911?"

　これはどういう意味かわかるだろうか．911はアメリカの緊急電話，日本でいうところの119番，110番である．これは，実験動物を使用する研究者の世界でよく使われる，「Mice save our lives more than 911」は正しいか，と聞いている文章である．研究者は，マウスを使った生命科学研究の進歩によってわれわれ人間の命が救われ，その数は救急車などの出動によって救われた命よりも多いと考えている．ちなみにわが国の平成25年度の救急車の出動回数は500万回を超えている[9)]．

　動物実験は，病気のメカニズムの解明，新薬やiPS細胞の効果や安全性の検証，あるいは手術スキルの向上など，われわれの病気の予防や治療に計り知れない恩恵を与えてくれている．結果として実験動物が救ってきたわれわれ人間の命の数は，実際に計算することは難しいが，緊急電話に匹敵あるいはそれ以上の貢献をもたらしていることは十分に考えられる．

　動物実験を行う場合は，関係法令を遵守し，所属機関の動物実験委員会などに対して必要な動物の数，どのような処置を行うのか，苦痛を軽減させる際の方法はどのようなものであるか，といった実験内容を詳細に説明し，委員会による審査を受けなければならない．この審査で承認されてはじめて動物実験を行うことが可能となる．動物実験をすべて廃止してコンピュータによるシミュレーションや，培養細胞を使った代替研究法で研究を行うことも求められている．しかし，その場合は初期の安全性試験の段階から，ボランティアなどを募集して直接ヒトで臨床試験を行う必要があることを認識しなければならない．

第2章
病理学概論

　病理学は基礎医学と臨床医学の両面を持つ学問領域である．動物を用いた基礎医学研究において病気の発症機構などを解析する際にも，また患者が病院で腫瘍などの生体材料を基に確定診断を受ける際にも，病理組織標本が作製される．本章では病理学とは何かについて簡単に概説する．

▶ 2.1 診療科と基礎医学教室 ◀

　大規模な病院には，内科，外科，麻酔科，放射線科，検査部，病理部などさまざまな診療科が設置されている．医学部の付属病院には，これらの診療科において臨床医学の診療，教育，研究が行われている．一方で，医学部の基礎医学系教室では臓器，組織の形態や構造，役割，機能，そして物質の代謝などについて教育，研究が行われている．それらには，生理学，解剖学，生化学，免疫学，病理学，薬理学，心理学，公衆衛生学，法医学などが含まれる．これらのほぼすべての学問領域が，人間科学的視点から**生命科学**（life science）を学ぶうえで重要な位置を占めている．

▶ 2.2 病理学とは何か ◀

　病理学（pathology）は1.4節でも述べたように病気を理解する学問であり，病の理を学ぶ学問である．生理的な状態から外れた状態を疾病（疾患，病気）というが，疾病の原因や成り立ちを学ぶ学問であり，病気の発生する原因はど

のようなもので,一度病気になるとそれがどのような経過をたどっていくのか,そしてそのとき,身体にどのような変化が起こっているのかを研究する。病理学はおもに細胞や動物などを使って研究を行う領域と,手術で摘出した臓器,組織の顕微鏡標本を作製して病気の診断に関わる領域,すなわち基礎と臨床の両面を持つ学問領域である。前者は**実験病理学**(experimental pathology),後者を**人体病理学**(human pathology)と呼ぶこともある。**生理学**(physiology)は病理学とは対照的に,身体の運動や心臓の拍動,体温調節など,生体が正常に機能するうえで必要な活動について研究する学問領域である。本書の13章以降では,さらに詳しく病理学に関連する事柄を扱う。特に高齢者に多い病気,老化に伴って発症率が増加する疾患,例えば生活習慣病や,アルツハイマー病,心筋梗塞,そして脳血管疾患などについて,その発症機構や病気の経過,予防法などについて解説する。

▶ 2.3 個体を構成する階層 ◀

　個体(生体)は,生物を構成する体全体を指し,ヒトであれば個々の人体を**個体**(organism)と呼ぶ。個体を構成する最小単位である細胞まで,生体の構造や機能は階層性をもって分類することができる(**図2-1**)。

　個体を構成する一つ下の階層は,**器官系**(organ system)であり,例えば,

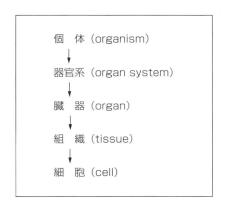

図2-1　生体の階層性

神経系や循環器系などである（**図2-2**）。そこに属している**臓器**（organ）がその一つ下の階層であり，神経系であれば脳や脊髄が，循環器系であれば心臓がそれにあたる。そこからさらに一つ階層が下がると，**組織**（tissue）となり，人体を構成する最小単位である1個1個の**細胞**（cell）が集合体となって組織化されることなどによって，組織を形作っている。例えば脳であれば，神経組織，神経細胞がそれぞれ，組織，細胞にあたる。

- 神経系
- 骨格系
- 筋 系
- リンパ，免疫系
- 循環器系
- 呼吸器系
- 消化器系
- 内分泌系
- 泌尿器系
- 生殖器系
- 皮膚，毛，爪

図2-2 人体を構成する器官系

　細胞の中（外）にはさまざまな分子が存在しており，1個の細胞の中に存在する分子の種類は数百万種類と言われている。すべての細胞は細胞から生じる。すなわち人工的，あるいは生物の発生段階で分子を集合させて細胞をまったく新たに創造することは不可能である。したがって，すべての細胞は細胞から生じており，われわれの人体もその基本構成単位は細胞である。その細胞の働きを支えているのがタンパク質などの分子であると言える。

　このように，人間の体は器官系とそれに属する臓器，組織，細胞（分子）まで階層性を持って構成されている。病理学を学ぶうえで，細胞や細胞内外の分子の働きがどのように個体に影響するか，また個体の運動機能などがどのように細胞や分子レベルで説明されるかを意識して学んでいく必要がある。病理学的に各階層の働きを理解することは，疾病の成り立ちだけでなく，リハビリテーションや認知機能など，脳の高次機能を理解するうえでも重要である。

2.4 疾病の成り立ちと回復

　生理的な状態から外れた状態を疾病と言い，疾病の原因や成り立ちを学ぶ学問が病理学である。

　風邪を引いた状態では，いったいどのようなことが人間の体に起こっているのか，風邪はどうすれば治るのだろうか，治った後はどうなるのか，完全に元に戻るのか，治らない場合はどうなるのか，そもそも風邪はどうして引くのだろうか。

　ウイルスや細菌などの**病原体**（pathogen）の感染による上気道の炎症が風邪（風邪症候群）であり，病原体が体の防御システムを破って侵入することで引き起こされる。最終的には免疫系が活性化されることなどで病原体が除去されると治癒に向かう。

　感染による炎症が弱い場合は，完全に元に戻る場合が多い。炎症が強い場合は，組織に対する傷跡である瘢痕（はんこん）と呼ばれる組織の変化を残す場合がある。さらに，風邪をこじらせることで肺炎や多臓器不全に陥り，生命に危険を及ぼす可能性もある。

　風邪を引いたと簡単に言うが，体の中で何が起こっているのか，意識している人は少ないであろう。鼻水が止まらない，くしゃみが出る，熱が出るといったさまざまな自覚症状が現れてくるが，実際には体の中ではどういうことが起こってそれらの症状が引き起こされるのであろうか，以下に病理学的に考えてみる。

〔1〕　なぜ風邪を引くのか

　風邪は睡眠不足で疲れが溜まって抵抗力が低下している場合などに引くことが多い。抵抗力の低下により，病原体を排除する免疫力が低下した際などに引き起こされる。鼻水は鼻腔内の細胞から分泌された粘液や，血管から漏れ出た液体成分であり，通常は病原体を洗い流すなどの生体防御反応としての働きがある。

2. 病理学概論

〔2〕 風邪はどのように治るのか

　風邪を治療する薬は現実的には存在しない。風邪の際に病院で処方される薬は対症療法的な薬であり，炎症や発熱を抑える作用を持つ解熱鎮痛薬や，細菌の増殖を抑える抗生物質などであり，根本的に風邪を治す薬ではない。あくまで風邪の症状を和らげる薬や合併症を防ぐ薬である。

　免疫反応により病原体が除かれ，炎症が治まることで解熱し，快方に向かう。炎症は本来，生体防御反応であり，高熱で病原体を死滅させる働きや，免疫系の細胞を活性化する働きがある。したがって，軽い風邪であれば解熱薬を服用して強制的に体温を下げるのはむしろ良くないとの考え方もある。

〔3〕 風邪が治った後はどうなるのか

　軽い風邪であれば，一週間もすればほぼ完全に元どおりに治る。ただし，ある程度進行して気管支炎や肺炎になった場合などは，どのような経過をたどるのであろうか，重篤な肺炎にまで進行してしまった場合は，たとえその後肺炎が治まり，発熱や咳が止まったとしても，肺には炎症による傷跡である瘢痕が残る場合がある。これはその部位の組織が強い炎症により傷害を受け，本来の機能を消失してしまっている状態である。

〔4〕 風邪が治らなかったらどうなるのか

　糖尿病や心臓病などの疾患を持っている場合，風邪が長引くことによってそれらの基礎疾患を悪化させる場合がある。また，炎症が全身に広がりさまざまな臓器の機能不全を引き起こす可能性がある。そのような状態に陥った乳幼児や高齢者の場合，生命に危険が及ぶ。

　これらが風邪の自然経過（発症の原因，進展，予後）である。病理学は病気の自然経過，および原因と発症機構を理解するための医学の一分野である。実際には，この自然経過が，個体，器官系，臓器，組織，細胞，分子の各階層でどのように変化しているかを研究する。科学の世界ではなぜそうなるかという**エビデンス**（evidence）が重視される。**科学的根拠に基づいた医療（EBM；evidence based medicine）**を実践するために病理学が必要不可欠な学問となっている。また，病理学的には人間の病気は，奇形，退行性病変，進行性病変，

炎症，循環障害，腫瘍の六つのカテゴリーに分けることができる。これらについては13章以降で説明する。

▶ 2.5 人体病理学と実験病理学 ◀

　人体病理学は，直接的に人を研究あるいは診断の対象とする病理学の領域である。人体を対象として，疾病の原因や成り立ちを，おもに形態学的立場から理解しようとする学問領域である。形態学とは，肉眼のマクロな視点で色や形などを評価する場合や，顕微鏡観察によりミクロな視点で細胞の形の違いや組織の構造の違いから病気を評価，診断する領域である。患者の生検標本あるいは手術標本などを基に，その病変が悪性腫瘍か良性腫瘍かを判断する場合などが人体病理学がおもに扱う領域である。また，病気で亡くなった人の死因を突き止めるために，病理解剖が行われることがある。人体解剖は，病理解剖のほかに，系統解剖，法医解剖（行政解剖，司法解剖）などがある。
　一方，実験病理学は，マウスなどの実験動物を使って疾患の発生や成り立ち，その治療法などを研究する学問領域である。現在，この分野は遺伝子レベルでの解析が進み，分子生物学，生化学などの分野と統合して研究されるようになった。病気になる原因を突き詰めていくと，多くの場合，遺伝子の異常によるタンパク質の変化，あるいはそれに伴う細胞の振舞いが変化することによって引き起こされることがわかってきている。このような遺伝子レベル，分子レベルでの病気の発症，進展機構の解析が実験病理学的に行われている。

▶ 2.6 病理学総論と病理学各論 ◀

　病理学はまた，病理学総論と病理学各論にも分けられる。病理学総論は器官単位の枠を外して生体に共通に現れる反応を解明する。すなわち，「炎症がある」「腫瘍がある」などとよく言われるが，実際に炎症とは何か，腫瘍とは何か，また炎症はどうして起こるのか，そして腫瘍はどのような経過をたどるの

かなどを学んでいく。これに対して病理学各論は，それぞれの臓器における変化をより詳しく見ていく。例えば，肺にはどのような疾病が発生するか，脳ではどのような疾病が発生するかということを，より詳しく見ていく領域である。本書では病理総論の立場から，おもに老化に伴って発症してくる疾患について第3部で取り扱う。

☕ 生命科学系研究者のキャリアパス

キャリアは職業，パスは道筋の意味である。ここでは生命科学系の研究者になる道のりについて考えてみる。理工系の学部であれば卒業時に学士号（B.S.；bachelor of science）が得られる（文系の学部であればB.A.；bachelor of arts）。学部を卒業した後，2年間修士課程で学び，提出した修士論文が認められると修士号（M.S.；master of science または M.A.；master of arts）が得られる。その後さらに博士課程を修了し，博士論文の審査に合格することで博士号（Ph.D.；doctor of philosophy）が授与される。博士課程に進学せずに論文を提出して博士号を取得する，いわゆる論文博士という道もある。Ph.D.は直訳すると哲学博士であるが，ここでは高等な学問を修めたものという意味がある。博士課程で学んだ研究科によって博士号の表記は異なっている。例えば理学研究科で論文審査に合格した場合であれば博士（理学），人間科学研究科であれば博士（人間科学）と表記することになっている。博士（理学）または博士（人間科学）を取得するために，通常は学部4年，修士2年，博士3年の計9年間の学習・研究が必要である。医学部や歯学部，獣医学部の場合は学部が6年間であり，卒業後に国家試験に合格すると医師の場合はM.D.（medical doctor），歯科医師の場合はD.D.S.（doctor of dental science），獣医師の場合はD.V.M.（doctor of veterinary medicine）の資格を得る。これらのdoctorは職業と直結することからprofessional doctorと呼ばれることもある。その後さらに専門の博士号を取得する場合は，4年間の博士課程を修めて論文審査に合格することで博士（医学）などの学位を得ることができる。

大学の教員となるためには，博士号を取得していることが条件となっていることが多い。しかし，博士号取得後すぐに教員として採用される例はあまり多くない。特に理系の場合は，博士号取得後，ポスドク（postdoc）と呼ばれる，一人前になるためのトレーニング期間を何年か必要とする場合が多い。国内でポスドクを経験する場合もあれば，海外の大学や研究所で数年間，より高い技術の習

得を目指す場合もある。ポスドク時代に実績を上げ，30代前半になってから，ようやく教員あるいは研究者の道を歩み始める。すなわち研究費を獲得して実験を行い，その成果を論文としてまとめることのできる研究者として自立していく。

しかし，博士号を揶揄する例えとして，博士号は足の裏についたご飯粒であると言われることがある。これは，取らないと気持ち悪いが，取っても食えない（生活できない）ことを指している。実際，博士号を取得しても正規職に就職できない，いわゆるポスドク問題が21世紀前半から表面化している。2014年の文部科学省の調査報告書[10]によると，ポスドクの正規職への移行率は年平均約6%であった（**表2-1**）。すなわち，正規職に就くまで6～7年間もポスドクとして不安定な身分で研究を行っていることになる。

表2-1 ポスドクの正規職への移行率（性・年齢階級別）

年　齢	全　体	男性のみ	女性のみ
25～29歳	5.6%	6.2%	3.1%
30～34歳	6.1%	6.6%	4.7%
35～39歳	7.2%	8.0%	4.9%
40～49歳	6.8%	8.0%	4.4%
50～59歳	3.3%	5.3%	0.9%
平　均	6.3%	7.0%	4.4%

日本の科学研究を支える重要な担い手であるポスドクが，安心して研究に打ち込み，実績を上げて正規の職を得ていくために産官学のさらなる連携が必要不可欠である。

第3章
医科学研究の方法論

　医科学領域における研究の方法論は，技術革新によってさまざまな解析装置，実験手法が日進月歩で開発されている。以前は困難であった，生きたままの細胞や動物を使って，生体内の分子や細胞の働きを見ることができるような方法も開発されている。本章では実験病理学的な研究によく用いられる実験法を中心に説明する。

▶ 3.1　顕微鏡による観察法 ◀

　人体病理学，実験病理学の両者で使われる最も基本的な実験研究手法として，マクロ観察，ミクロ観察がある。肉眼で見て外見や臓器の色や形を判断するのがマクロ観察である。これに対して，肉眼では直接見えないものを，顕微鏡などを使って拡大して観察するものがミクロ観察である。一般的に顕微鏡を使って組織・細胞の状態を観察することを**組織化学**（histochemistry）と呼ぶ。ある組織の細胞に含まれる特定のタンパク質に対して免疫学的に反応する，抗体と呼ばれるタンパク質を使用して，例えばガン細胞に特異的なタンパク質を発現している細胞のみを顕微鏡を用いて可視化することもできる。この方法により，手術材料や実験材料の診断や評価を行うことができる。このような抗体を使った組織化学を，**免疫組織化学**（immunohistochemistry）と呼ぶ。

　電子顕微鏡は，細胞よりさらに小さな，細菌やウイルスの粒子なども観察可能であり，10万倍以上に拡大して観察することができる。単純に拡大するだけであれば光学顕微鏡でも画像を引き延ばすことによって拡大できるが，電子

顕微鏡は，通常の光学顕微鏡と比べて分解能，すなわち二つの点と点がどれだけ離れていれば二つとして解像できるかという性能に優れている。これにより細胞内にあるミトコンドリアなどの微細な構造を観察して評価することができる。電子顕微鏡は，非常に薄い切片標本を作製して観察する透過型電子顕微鏡と，標本の表面をスキャンすることでその凹凸も観察可能な走査型電子顕微鏡がある。

▶ 3.2 組織標本の作製法 ◀

　組織化学または免疫組織化学では，ホルマリンと呼ばれる化学物質を用いて観察対象である臓器などの標本の処理を行う。ホルマリンは標本のタンパク質の分解を防ぐ化学薬品であり，ホルマリンを用いて標本を保存することを固定と呼ぶ。生物が死亡した後に，体内から臓器など特定部位を切り出してそのまま生体組織を放置すると腐敗が進み，細胞や組織が自己融解してしまう。それを防ぐために，ホルマリンを用いて固定という処理を行う。ホルマリンが組織，細胞に浸透すると，構成しているタンパク質同士の間に架橋と呼ばれる分子間の強い結合が生じ，自己融解の進行が抑制される。固定されたサンプルは，つぎにパラフィンと呼ばれる蝋燭のロウのようなものを用いて，四角い型にサンプルとパラフィンを流し込んで埋め込ませる。これを包埋と呼ぶ。このようにして作製したブロック型のパラフィン包埋標本を，つぎにミクロトームと呼ばれる鋭い刃を持つ装置で非常に薄くスライスする。これを薄切と呼ぶ。続いてこの薄くスライスされたサンプルをスライドガラスに接着させる。このままではパラフィンが残っており，細胞の染色などに支障があるため，つぎにパラフィンを除く処置を行う。そして，塩基性色素であり細胞核を青紫色に染めるヘマトキシリン（hematoxylin）と，酸性色素であり細胞質を赤色に染めるエオジン（eosin）という二つの色素の混合溶液を用いて標本の染色を行う。DNAは核酸と呼ばれ，その性質は酸性であるため，細胞核は塩基性の色素によく染まる。通常，細胞質は酸性の色素に染まりやすく，エオジンによって細

胞質が赤色に染まる。この染色法はヘマトキシリンとエオジンの頭文字をとって**HE染色**（HE stain）と呼ばれている。ほかにもさまざまな染色法が用いられているが，このHE染色が最も広く用いられている基本的な組織標本の染色法である。このようにして作製された標本を顕微鏡で観察することとなる。

▶ 3.3 PCR法 ◀

　PCR（polymerase chain reaction）法は，ある特定の遺伝子配列を増幅するために用いられる実験方法である。病理学領域ではウイルス感染の有無や，ウイルスの型の判定（新型インフルエンザであるか否かなど），O157などの食中毒菌の同定など，感染性病原体の特定に用いられることが多い。分子生物学では遺伝子組換え実験などに用いられ，最も頻繁に使用される実験法の一つである。

　PCR反応に用いられる**DNAポリメラーゼ**（DNA polymerase）と呼ばれるDNA合成酵素は，生体内で化学反応を司る，酵素タンパク質の一種である。PCR反応は高温で反応を行うため，温泉に生息する細菌から見つかったTaq DNAポリメラーゼと呼ばれる酵素が使われる場合が多い。chain reactionは，この酵素によるDNA合成の連鎖反応を意味している。つまり，PCR反応とはDNA合成酵素の連鎖反応を利用して，ごく微量にしか存在していない遺伝子サンプルを何百万倍にも増幅することができる手法である。現在では指紋に残された組織片に含まれるDNAから遺伝子を増幅して調べるなどの犯罪捜査や，親子鑑定などにもPCR反応を使ったDNA検査が行われている。

　PCRは，サーマルサイクラーと呼ばれる温度制御装置を用いて行う（**図3-1**）。この装置の中に遺伝子サンプルを含む反応溶液を入れたチューブをセットして用いる。通常はサンプルをセットする場所が96か所あり，一度に最大96種類の遺伝子サンプルを増幅させることができる。

　PCR反応の原理を簡単に述べると，DNAサンプルを94℃程度の高熱で**変性**（denature）させてDNAのらせん構造の結合（水素結合）を解き，二本鎖を一本鎖にする。その後，温度を50〜60℃に下げ，プライマーと呼ばれる増幅さ

3.3 PCR法

図 3-1 サーマルサイクラー

せたい目的の遺伝子配列の一部と結合できる DNA 断片と結合させる。これをアニーリング (annealing) と呼ぶ。DNA の合成は一方向にしか進まないため，2 種類のプライマーを用いる。つぎに，酵素が最も効率良く働く温度である 72℃ 程度で DNA の合成，**伸長反応** (extension/elongation) を行う。この反応が 1 回終わると目的の DNA サンプルは 2 倍に増えることになる。この反応を連鎖的に行うことで指数関数的に DNA サンプルが増幅され，30 回の反応では計算上，2 の 30 乗（約 10 億倍）に増幅されることになる。しかし，実際には反応効率や酵素の失活（不活性化）などにより，およそ 100 万〜1 000 万倍程度に遺伝子が増幅される。増幅した DNA は，アガロース電気泳動と呼ばれる方法で DNA の大きさによって分けられ，その後は蛍光色素などで DNA を染色して蛍光観察を行い，CCD カメラなどで記録する（**図 3-2**）。

（a） DNA の電気泳動装置

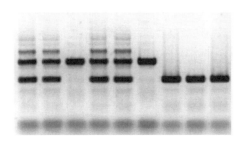
（b） 泳動結果の観察

図 3-2 PCR 産物の解析

▶ 3.4 DNA配列の解読法 ◀

　ゲノムとは，生物を構成するのに必要な遺伝情報全体のことであり，ヒトの場合は常染色体22本と，男性の場合はXYの性染色体，女性の場合はXXの性染色体を持つ。2001年にヒトゲノムのドラフトシーケンス（大まかな配列）が発表され，2003年に終了が宣言された。細胞の核内に存在するDNAは，塩基の違いによって4種類に分けられる。それらの塩基は，アデニン，グアニン，シトシン，チミンでヒトの場合，これらの4種類の塩基が約30億個結合してゲノムが構成されている。

　DNAは対をなして二重らせんを形成することから，30億の塩基対がヒトの細胞の核内に収まっている。われわれ人間の中で，髪の毛や目の色が違うなどの個性も，この30億塩基対のうちのごくわずかな違いで規定されている。また，さまざまな病気に対する罹りやすさや，さまざまな能力などもある程度遺伝子によって決まっていることが知られている。国際共同研究で実施されたヒトゲノム計画は，DNAシーケンサーと呼ばれる機械を用いて，3 000名近い研究者が参加し13年の歳月と2 700億円の予算を費やして実施された[11]。2016年1月現在では，次世代型DNAシーケンサーなどの性能の向上に伴い，ヒト1人のゲノム配列を単純に読むだけであれば，1人のオペレータの作業によって数時間で終わり，解析に必要なコストも10万円程度となっている。

　ヒトの遺伝情報はまさにビッグデータと呼ばれる膨大なデータ解析を必要とする情報であり，その情報の中には病気の予防法や，治療法開発に必要な情報も当然含まれている。これらのことから，データ解析を得意とする多くのIT企業が，新薬の開発やヘルスサイエンス研究に参入してきている。

　ヒトの遺伝子情報としては30億の配列があるが，その中でタンパク質のアミノ酸情報を規定する遺伝子として働いている領域はごくわずかである。ゲノム解析の結果，ヒトの遺伝子数は，およそ23 000程度であることが明らかにされた。この数は動物実験に使われるマウスやラットとほとんど変わらない数

である。万物の霊長であるヒトの根本的な設計図は，ほかの哺乳類と大きな差はない。

▶ 3.5 DNA マイクロアレイ解析法 ◀

DNA マイクロアレイ解析は，スライドガラスなどの上に小さなスポット（点）として，一つ一つヒトの特定の遺伝子に反応するようなプローブ（探索子）が固定されたものを用いて行われる。この技術が最初に報告されたのは 1995 年である[12]。DNA チップとも呼ばれる技術で，手のひらに乗るくらいの大きさのチップ一個の上に，ヒトの遺伝子発現解析をすべてカバーできる情報が含まれている。この技術が開発された時点ではヒトゲノムの解読はまだ終了していなかったが，ヒトの細胞に発現している遺伝子の配列はかなりの部分がわかっていた。

DNA マイクロアレイは，例えばある病気の患者由来の細胞から抽出した RNA から逆転写した **cDNA**（complementary DNA：**相補的 DNA**）と反応させることで遺伝子発現パターンを解析することや，**一塩基多型**（**SNP**；single nucleotide polymorphism，**スニップ**）と呼ばれる DNA 配列の一塩基の違いを検出する研究などに用いられる。この解析を通じてある疾患に特有の遺伝子発現パターンや DNA 配列の違いをデータベース化することで，病気に対する罹りやすさの判定や，予防，治療法の開発に用いられている。次世代型シーケンサーとともに，患者一人一人に合わせた医療技術（**テーラーメード医療**）の確立にも重要な役割を持つと期待されている技術である。

▶ 3.6 古典的生物学から分子生物学の方法論へ ◀

1850 年代に完成されたダーウィン（Charles Robert Darwin）の進化論やメンデル（Gregor Johann Mendel）の法則，近代病理学の祖と呼ばれるウィルヒョウ（Rudolf Ludwig Karl Virchow）らの業績は，古典的生物学の発展にき

わめて大きな影響をもたらした。その後の100年間は，分類学や博物学的な領域として生物学は進歩してきた。しかし，1953年のワトソン（James Dewey Watson）とクリック（Francis Harry Compton Crick）によるDNAの二重らせんの発見を機に，生命科学の研究が飛躍的に進歩してきた。特に，1970年代に確立された遺伝子組換え技術による技術革新が，この分野に与えた影響は大きい。遺伝子組換えは，ハサミに例えられる制限酵素と呼ばれる特定のDNA配列を切断する酵素と，糊に例えられるDNAリガーゼと呼ばれる切断されたDNA断片同士を結合させる酵素を用いて行われる。これによって，生物界に存在しないヒトとマウスの遺伝子を融合させた遺伝子配列などを作り出し，新たなタンパク質を創出することができるようになった。組み換えた遺伝子は，そのままでは量が少ないため，大腸菌などに導入して増幅させて利用される。この技術のさらなる発展により，遺伝子組換え生物や遺伝子組換え作物が比較的容易に作製されるようになった。

　遺伝子組換えの基本技術を確立したのは，スタンフォード大学のコーエン（Stanley Norman Cohen）とボイヤー（Herbert Wayne Boyer）で，その技術を特許化した。日本においても生命科学系の科学技術の特許化や，大学発ベンチャーの創出が期待されている。1980年代にはPCR技術，1990年代にはDNAチップなどの解析技術，2000年代にはiPS細胞技術の開発など，およそ10年ごとに生命科学研究の大きな進歩が実現されている。iPS細胞技術も，遺伝子組換え技術やPCR技術などを基盤としているが，その応用は大学に莫大なライセンス使用料をもたらす可能性がある。産業としても分子生物学，生命科学の重要性は今後もますます高まっていくと思われる。

☕ 科学研究のインパクト

3.3節で述べたPCRに用いられている好熱菌由来のTaq DNAポリメラーゼは1980年代に発見された。この酵素を用いたPCR法を考案したキャリー・マリス（Kary Banks Mullis）らは，好熱菌を用いたPCR法を1988年に発表する前に，大腸菌のDNAポリメラーゼを用いたPCRの原理を1985年に論文発表している[13]。これらの成果を基に，ノーベル賞を受賞したのが1993年である。新事実を発見してからノーベル賞を受賞するまでの期間が短ければ短いほど，そのインパクト，つまり科学界に与えた衝撃，影響が大きいと言える。最初の発表から8年，Taq DNAポリメラーゼを用いた方法の発表からは5年での受賞は，かなりインパクトが大きい研究の部類に入る。日本人で最初にノーベル生理学・医学賞を1987年に受賞した利根川進博士は，その受賞理由となった抗体の多様性獲得のメカニズムを1976年に発表している[14]。山中伸弥博士のiPS細胞は，2012年にノーベル賞を受賞したが，2006年にその基盤となる研究を発表している[15]。

自然界には，紫外線などの光を当てると蛍光を発する蛍光タンパク質が存在する。励起光と呼ばれる特定の波長の光を照射することで緑色に光るタンパク質であるGFP（green fluorescent protein）がその代表的なものであり，オワンクラゲの体内に存在することが知られている。また，ホタルなどは生体が持つ酵素であるルシフェラーゼの働きにより，ルシフェリンと呼ばれる物質（基質）と化学反応を起こすことによって発光する。これらのタンパク質の構造や光を放つ原理の解明により，下村脩博士が2008年にノーベル化学賞を受賞した。これらの蛍光，発光物質が発見されたのは1960年代前半であり，ノーベル賞を受賞するまでに40年以上も経過している。しかし，これらの発見が重要な意味を持つまでには，その後の技術革新を待つ必要があった。遺伝子組換え技術が1970年代に誕生し，蛍光・発光タンパク質の遺伝子を組み込んだ遺伝子改変動物の作製が1980年代に行われるようになった。その後，1990年代に入って蛍光・発光タンパク質の微弱な光を捉えることができるCCDカメラの性能が向上し，さらにコストが下がることで，この蛍光・発光タンパク質の技術を用いた実験が比較的安価に可能となった。1990年代後半に入ってようやく，この蛍光・発光タンパク質を使った研究がさまざまな生命科学領域で行われ，次々と重要な生命現象が明らかとなり，2008年にノーベル賞を受賞するに至った。したがって，この場合は最初の発見のインパクトが低かったために受賞までに時間が掛かったのではなく，むしろ発見が早すぎたためと言える。

第4章
長寿科学研究のいま

　本章では，成長や代謝調節に重要な役割を持つインスリン/IGF-1 シグナル伝達系およびサーチュインと呼ばれるタンパク質を介した寿命延長・抗老化作用に関する研究を通じた，アンチエイジング物質の研究開発について説明する。不老不死はまだまだ夢物語であるが，薬剤などを用いて実験生物の寿命を延長させることは一部では可能となりつつある。

▶ 4.1　カロリー制限とは何か ◀

　実験動物である，マウス，ラット，あるいはサルに対して与える餌の量を自由に食べさせた場合の 30％程度制限することによって寿命が延長し，さまざまな疾患の発症も抑制されることが知られている。これらの動物では，餌箱につねに餌があり，自由に摂食できる状態にあったとしても，食べたいときだけに餌を食べ，通常は過度な肥満を呈することはない。カロリー制限による寿命の延長，抗老化作用は，1935 年にアメリカの栄養学者 McCay（Clive M. McCay）らによってラットを用いた研究によりはじめて報告された[16]。ヒトにカロリー制限を実施する場合を考えると，30％のカロリー制限は，1 日 2 500 kcal 必要な場合では 750 kcal の制限量となり，かなりきつい食事制限となる。そのため，実際にカロリー制限，食事制限をすることなく，薬やサプリメントとして口から服用することでカロリー制限の効果を模倣するような物質を開発しているベンチャー企業が誕生している。

　そのようなベンチャー企業の一つとして，サートリス社が知られている。ア

メリカで誕生した企業で，老化研究の著名な研究者が設立に関与している。もちろん，このような企業は不老不死の薬を開発しようと考えているわけではない。老化に伴い，ガンや糖尿病，さらにはアルツハイマー病といったさまざまな疾患の発症リスクが上昇する。したがって，老化そのものを制御することができれば，このような老化に伴って発症してくる疾患，すなわち**老化関連疾患**（**age-related disease**）の予防や，治療効果が期待される。このことから，アンチエイジング物質に関する研究が盛んに行われている。これらの研究の詳細については5章で説明する。

▶ 4.2 老化研究に用いられるモデル生物 ◀

線虫，ショウジョウバエ，マウス，ラットなどは寿命の短さや，分子生物学的な研究手法の利用が比較的容易に行えることから，老化や寿命の研究によく用いられている。図4-1に示すようにこれらの生物の老化制御機構は，インス

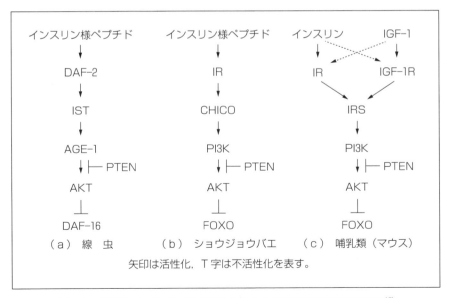

図 4-1 老化研究に用いられるモデル生物とその老化制御機構の共通性 [17]

リン/IGF-1シグナル伝達系が重要な役割を果たしており，進化的に保存されている可能性が示唆されている。

マウスにおけるインスリン，IGF-1Rは線虫，ショウジョウバエにおいてはインスリン様ペプチドが相当する。同様に，インスリン受容体（IR），IGF-1受容体（IGF-1R）は線虫，ショウジョウバエではDAF-2，IR，インシュリン受容体基質（IRS）は，IST，CHICO，ホスファチジルイノシトール3キナーゼ（PI3K）は，AGE-1，PI3K，フォークヘッド型転写因子（FOXO）は，DAF-16，FOXOに相当する。PI3KによるAKTの活性化はPTENによって抑制される。11.1節において，これらのタンパク質の働きとカロリー制限による寿命延長との関連について説明する。

図4-1で示したモデル生物の研究から，進化的に老化のメカニズムが共通する可能性が示唆されている。線虫は，体長1mm程度で数週間の寿命を持ち，約1 000個の細胞から構成される多細胞生物で，遺伝解析，遺伝子操作が容易であることから生命現象の基礎研究によく利用される。ショウジョウバエは数か月程度の寿命がある。ヒトの神経変性疾患のモデルなども作製されており，老化に関連した疾患の研究にも使われる。マウスは3年程度の寿命を持つため，寿命や老化の研究に時間が掛かるが，臓器や組織の形態，機能がヒトに近く，糖尿病やアルツハイマー病などヒトと類似したさまざまな病態を示す疾患を発症するモデル動物が開発されている。ラットよりもマウスのほうが遺伝子の改変操作が容易であることや，体が小さく取扱いが容易なこと，飼育スペースが小さくて済むことなどから分子生物学的，実験病理学的研究に最も多用される。

▶ 4.3 植物由来の抗酸化成分 ◀

植物由来の健康増進成分や，機能性食品に関する研究は，わが国を中心に盛んに行われている。例えば，ブドウの皮などに含まれるレスベラトロール，ブロッコリーに含まれるスルフォラファン，ウコンに含まれるクルクミン，そして緑茶に含まれるカテキンなどが代表的な機能性食品成分として挙げられる。

これらの成分は、さまざまな生理活性（生体調節機能）を持つが、その一つに抗酸化活性と呼ばれる酸化ストレスに対する防御作用が知られている。酸化ストレスとは、**活性酸素種**（**ROS**；reactive oxygen species）と呼ばれる反応性の高い酸素種による、生体内のタンパク質やDNAへの傷害を引き起こすストレスのことであり、ガンや代謝疾患などさまざまな病気の発症や、さらには老化の原因になるとも考えられている。**抗酸化物質**（anti-oxidant）とは、そのようなROSや**フリーラジカル**（free radical）と呼ばれる反応性の高い分子による細胞、組織の傷害を抑制する化合物のことである。植物由来の抗酸化物質の多くは、ポリフェノールと呼ばれる化合物に分類され、自然界には5 000種類以上存在するとされている。抗酸化活性が示唆される植物由来成分を**表4-1**, **4-2**に示した。

ポリフェノールは、多いという意味を示すポリ（poly）とフェノールが合わさった単語で、多くのフェノール性水酸基を持つ化合物を指す。ポリフェノールに分類される成分として表4-1に示したように、レスベラトロール、ケルセチン、ヘスペリジン、カテキン、クルクミン、イソフラボン、セサミン、そしてクロロゲン酸などが健康増進成分としてよく知られている。フェルラ酸は、アルツハイマー病の予防効果があるとして研究が進んでいる。これらの成分の作用について、医学、農学、理学、そして薬学といった幅広い学際領域で研究

表4-1 ポリフェノール類とそれらを含有する代表的な食品

機能性成分	含有する代表的な食品
レスベラトロール	ブドウ
ケルセチン	タマネギ
ヘスペリジン	ミカン
カテキン	緑茶
クルクミン	ウコン
イソフラボン	豆乳
セサミン	ゴマ
クロロゲン酸	コーヒー
フェルラ酸	米ぬか

表 4-2 その他の抗酸化成分とそれらを含有する代表的な食品

機能性成分	含有する代表的な食品
ビタミン C	レモン
ビタミン E	ウナギ
コエンザイム Q10	イワシ
リコピン	トマト
アスタキサンチン	サケ
クエン酸	黒酢
フィチン酸	玄米

が進んでいる。

　ビタミンCやビタミンEはレモンやウナギに多く含まれ抗酸化活性が強い。ビタミンCはさまざまな飲料や加工食品に酸化防止剤（保存料）としても使われる。コエンザイムQ10も抗酸化物質であり、食品としてはイワシに多く含まれている。トマトの色素成分であるリコピンや、サケの身やエビやカニの甲羅に含まれるアスタキサンチンなどはカロテノイドと呼ばれる生理活性を持つ天然色素に分類され、化粧品などにも応用されている。黒酢に含まれるクエン酸や玄米に含まれるフィチン酸なども最近注目されている抗酸化効果を持つ健康増進成分である。

▶ 4.4 サーチュインとは何か ◀

　サーチュインは、長寿に関連する遺伝子の一つとして注目されている。レスベラトロールは、このタンパク質を活性化する物質であると考えられており、サートリス社が開発中の物質などもこの分子の活性化を標的としているものがある。サーチュインは、酵母において遺伝子発現の抑制（サイレンシング）に関わる分子として同定された。その活性化にはNAD＋（ニコチンアミドアデニンジヌクレオチド）を必要とし、DNAが巻き付いているヒストンと呼ばれるタンパク質などからアセチル基を除く、脱アセチル化酵素として働いてい

る[18]）。NADは，古くから知られている補酵素（酵素の働きを補う物質）の一つであり，生体反応の中で電子のやり取りに関わる，電子供与体の一つでもある。

哺乳類においてサーチュインは，SIRT1からSIRT7までの7種類が知られており，それぞれ細胞内での局在や役割が異なっている。サーチュインが活性化されることによってその標的タンパク質が脱アセチル化され，活性が変化することで遺伝子の発現などを制御していると考えられている。酵母で見つかったSir2の**オーソログ**（orthologue）であるSIRT1に関する研究が最も多く行われている。オーソログとは，異なる生物に存在する似たような機能を持つ遺伝子群のことを言い，**ホモログ**（homologue）は配列や機能の似た遺伝子のことを指す。

▶ 4.5 DNAの発現調節 ◀

細胞1個の中に入っているDNAをすべて繋げて引き延ばすと，総延長は約2 mにもなる。このDNAが，直径10 μm程度の細胞核に収納されていることになり，DNAは非常にコンパクトに折り畳まれて収納される必要がある。まず，二本鎖DNAはヒストンタンパク質の八量体に巻き付いてヌクレオソームという構造をとる。ヌクレオソームはさらに折り畳まれてクロマチンに，そして細胞分裂の際には染色体としてその形態を変化させる。遺伝子が転写される際には，DNAのヒストンへの巻き付きは緩くなり，一方で遺伝子の発現が抑制される際にはその巻き付きが強くなる。この遺伝子発現の調節は，ヒストンのアセチル化というタンパク質の修飾によって制御されている。遺伝子発現のスイッチがONになる際は，**ヒストンアセチル転移酵素**（**HAT**；histone acetyl transferase）によってヒストンがアセチル化され，遺伝子発現のスイッチがOFFになる際には，**ヒストン脱アセチル化酵素**（**HDAC**；histone deacetylase）によってヒストンが脱アセチル化される。サーチュインは，ヘテロクロマチンと呼ばれる遺伝子発現が抑制されている領域の制御に深く関わっている。

4.6 タンパク質の修飾と立体構造

　遺伝子は転写されて，その後タンパク質に翻訳される。ヒトの遺伝子の数はマウスとほとんど変わらない。わずか23 000のタンパク質のパーツで人間の体が構成され，しかも思考，学習や記憶，そして行動などもタンパク質が主要な働きを担っている。高等生物がより複雑な高次生命機能を発揮することができる理由の一つは，タンパク質がさまざまな形で修飾されることによる。アセチル化以外にも，メチル化，リン酸化，そしてグリコシル化などがあり，その種類は数百種類以上に及ぶとされる。タンパク質はそのような修飾を受けることによってそのタンパク質の機能が増強あるいは低下する場合がある。さらに，タンパク質は別のタンパク質と結合することによって複合体を形成し，はじめて機能を発揮することができる場合や，その働きを変化させる場合がある。したがって，ヒトの場合23 000のタンパク質の数に抑えておくほうが，このような修飾などでより複雑な生命現象を仲介することができるということも考えられる。

　タンパク質は折り畳まれて，ある特定の形を持ってはじめて機能を発揮するようになる。この立体構造の調節にも，タンパク質の修飾は深く関わっている。また，タンパク質の立体構造が乱れると，そのタンパク質の働きが変化する。酵素の場合は酵素の活性が失われることがあり，熱などによって変性することで立体構造は変化する。タンパク質の立体構造の決定に重要なアミノ酸を規定する遺伝子に変異が入ると，酵素の活性が失われるなどによって，何らかの疾患を発症する可能性が高くなる。

4.7 サーチュインタンパク質の細胞内局在と標的分子

　タンパク質が，細胞内のどこに局在しているかはそのタンパク質が働くうえで重要である。細胞内のどこに存在するのか，つまり細胞質にあるのか，ある

いはミトコンドリアに存在するのかによって，例えばサーチュインによって脱アセチル化される標的タンパク質が異なってくる。したがって，細胞核に存在する場合であればヒストンの脱アセチル化を制御して遺伝子の発現を制御し，ミトコンドリアに存在している場合は，ミトコンドリアの機能を調節するようなタンパク質の働きを制御している可能性がある。SIRT3からSIRT5は，ミトコンドリアに存在すると考えられている。

SIRT1が脱アセチル化する標的のタンパク質は，数多く報告されている。代表的なものは，発ガンに関連するp53，糖や脂質代謝に関連するPGC-1と呼ばれる転写調節因子や，HSFと呼ばれる，熱ストレス，寒冷刺激などによる生体応答に関わる分子などがある。これらのタンパク質のアセチル化，脱アセチル化にサーチュインが関与している。したがって，遺伝子に変異を与えてガンを起こす変化や，糖および脂質代謝などの異常による代謝障害を，サーチュインは抑制する可能性が示唆されている。

実験動物を用いた研究から，つぎのようなSIRT1の働きが報告されている。脳の視床下部では，代謝や一日のリズム（概日リズムあるいはサーカディアンリズムと呼ばれる）を制御して睡眠や覚醒，あるいは体内時計の制御に関わっていることが示唆されている。また，すい臓のβ細胞で発現してインスリンの分泌に関わっていることや，肝臓では代謝の制御，そして筋肉では脂肪酸の燃焼に関与していると考えられている。さらに，脂肪細胞から分泌される善玉ホルモンの一種である，**アディポネクチン**の分泌との関連も示唆されている。アディポネクチンは動脈硬化の抑制や，肥満，糖尿病の進行を抑える働きが知られている（5.6節参照）。

▶ 4.8 サーチュインタンパク質と寿命制御 ◀

酵母や線虫，ショウジョウバエでは，細胞内でのサーチュインの発現量を上昇させると寿命が延びることが知られている。また，ブドウの皮や赤ワインに含まれ，サーチュインを活性化させる働きを持つレスベラトロールが，代謝状

態を改善し，高脂肪食を投与されたマウスの寿命を延長させることが報告された。しかし，哺乳類におけるレスベラトロールの寿命延長効果は高脂肪食を与えた条件でのみ認められ，この場合にも最大寿命は延長しないことが報告されている。

マウスに普通の餌である，通常食（特に脂肪やカロリーの高くない餌）を与えた場合において寿命延長効果を示した物質は，これまでのところラパマイシン（免疫抑制剤），メトホルミン（糖尿病治療薬），高血圧症の薬の一部，そしてグルコサミンなどである。また，通常食を食べているマウスの寿命を延ばした植物由来の機能性成分（ファイトケミカル）は現在のところ明確には報告されていない。しかし病気になりやすいような条件，つまり高脂肪の餌をマウスに与えて実験を行った場合は，代謝を改善し，レスベラトロールのように寿命短縮を抑制する物質はいくつか知られている。しかしながら，このような機能性食品の場合，ヒトではどれくらい摂取すればよいかが問題となる。サプリメントとして濃縮して摂取可能であればよい場合もあるが，ワインを1日に何十本も飲まないと効果がないようでは本末転倒である。

▶ 4.9　サーチュインタンパク質とカロリー制限 ◀

サーチュインの活性を制御する，生体内に存在する重要な因子はNADである。NADは，サーチュインの反応基質として消費される。サーチュインが働く近傍にNADがないと十分な活性を保つことができない。逆に，NADを増やすことや，NAD合成系を活性化することが新しいアンチエイジング創薬の可能性として考えられている。

カロリー制限やレスベラトロールなどのSIRT1アクチベーター（活性化物質），またはNAD合成の上昇によってSIRT1が活性化され，代謝の適応が起こり，その結果として寿命延長，抗老化作用が発揮されると考えられる。

カロリー制限によるサーチュインタンパク質の活性化の機構は，臓器，組織によってその制御が異なっていることが考えられている。サーチュインを活性

化するような物質は，エネルギー代謝の効率を各臓器で最適化させることによって，寿命の延長に寄与している可能性がある．また，筋肉などの働きを刺激することによって身体活動量（ロコモーターアクティビティ）が上昇することも報告されている（図 4-2）．

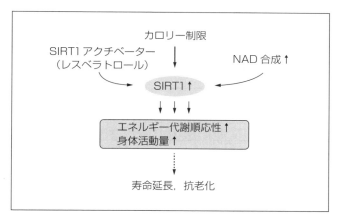

図 4-2 カロリー制限におけるサーチュインタンパク質の役割 [19]

4.10 哺乳類における NAD 合成系とサーチュインの働き

NAD は，哺乳類ではニコチナミド（ニコチンアミド）を主要な基質として，二段階の酵素反応を経て合成される．第一段階では，NAMPT（ニコチナミドフォスフォリボシルトランスフェラーゼ）と呼ばれる酵素が，ニコチナミドを NMN（ニコチナミドモノヌクレオチド）に変換する．続いて第二段階の酵素反応によって，NMN が NMNAT（ニコチナミドモノヌクレオチドアデニルトランスフェラーゼ）によって NAD に変換される．SIRT1 が作用すると NAD が消費される．SIRT1 の活性を上昇，維持させるためには，このサイクルを活性化させる必要がある．このため，NMN を増やすことや，NAMPT，NMNAT の酵素活性を上げることによって，SIRT1 活性が上昇すると考えられる．

サーチュイン活性化剤など，カロリー制限模倣物として期待されるアンチエイジング物質の候補を**表4-3**に示した。これらの物質については5章でより詳しく解説する。

表4-3 カロリー制限模倣物として期待される
アンチエイジング物質の候補

化合物の役割	化合物名
サーチュイン活性化剤	レスベラトロール
免疫抑制剤	ラパマイシン
降圧剤	テルミサルタン
抗糖尿病薬	メトホルミン
抗高脂血症薬	プラバスタチン
抗肥満ホルモン	アディポネクチン
代謝改善剤	ロシグリタゾン
グルコース類似体	グルコサミン
ニューロペプチドY（NPY）活性化剤	グレリン

☕ 学術研究と営利企業の関係と利益相反

　教育，研究という学術機関としての責任と，産学連携活動に伴い生じる個人が得る利益との衝突・相反状態を**利益相反**（**COI**；conflict of interest）と呼ぶ。例として大学病院で行われる薬の臨床試験を考えてみる。企業としては，新薬と期待される試験中の薬が，既存の競合製品よりも治療効果が高いことを示すことを開発目標としている。一方で，治験の担当者である医師・研究者は，その薬が体に与える影響の科学的な真偽を追究していかなければならない。しかし，製薬企業から多額の研究費や寄付金を受けた場合，医師や研究者が企業側に偏ったものの見方をする危険性がある。利益相反が存在するから試験研究が無効であるというわけではなく，そういう利害関係が存在することを，研究成果を学会発表や学術論文発表として行う場合は明示する必要がある。実施された研究が，どういった団体からの資金援助で行われているかということをオープンにする必要がある。そのような情報を開示して，研究成果をほかの研究者の間で客観的に判断することが重要となる。

第5章
カロリー制限模倣物の候補とその作用

　カロリー制限の効果を模倣することでアンチエイジング効果が期待される物質が，これまでにいくつか報告されている。それらには，糖尿病や高血圧症などの治療薬が含まれる。糖尿病や高血圧症などの基礎疾患がある場合，そのような薬剤を選択して使用することで，副次的なカロリー制限模倣効果が期待できる可能性がある。本章では，カロリー制限模倣物としての効果が期待されている物質について説明する。

▶ 5.1　サーチュイン活性化剤 —レスベラトロール— ◀

　サーチュインは，モデル生物においてカロリー制限による寿命延長効果に重要な役割を持つことが報告されてきた。哺乳類における相同遺伝子であるSIRT1をはじめとして，サーチュインファミリータンパクは寿命だけでなくさまざまな老化関連疾患の発症にも関与している可能性が示唆されている。4.3節で述べたように，ブドウなどに含まれるポリフェノールの一種であるレスベラトロールがSIRT1を活性化し，高カロリー食を与えたマウスの寿命を延長させることが報告されている[20]。通常食を与えているマウスにレスベラトロールを投与しても寿命延長は見られなかったが，カロリー制限を行ったマウスと似た遺伝子発現のパターンを示し，血管の弾力性が維持され，運動能の低下や白内障の発症が抑制されるなどの抗老化作用が見られた。また，SRT2104と呼ばれる化合物を用いた動物実験においても，SIRT1の活性化によって抗老化作用が見られることが報告されている。

5.2 免疫抑制剤 ―ラパマイシン―

通常食に添加してマウスの寿命を初めて延長させた物質は，免疫抑制剤のラパマイシンである[21]。この研究では，高齢期からラパマイシンの投与を開始しても寿命延長効果が見られた。

ラパマイシンは mTOR (mammalian target of rapamycin) と呼ばれるタンパク質の阻害剤であり，ラパマイシンを投与されたマウスは，その下流に存在するS6K (p70 S6 kinase) のリン酸化が減少していた。S6Kの**ノックアウトマウス** (遺伝子破壊マウス) は，免疫系や運動能の加齢に伴う低下が抑制され，寿命も延長していることが報告されており[22]，mTOR-S6K経路が哺乳類の老化制御に重要な役割を持つことが示唆されている。しかし，臓器移植を受けて，ラパマイシンを服用している患者において，糖尿病発症のリスクが亢進するなどの副作用が報告されていることから，ヒトに対する寿命延長作用は不明である。

5.3 降圧剤 ―テルミサルタン―

血圧を低下させる降圧剤であるアンジオテンシンⅡ受容体拮抗薬 (ARB; angiotensin receptor blockers) の心臓や血管系の疾患発症抑制効果を検討する臨床試験が実施された。心血管疾患発症のリスクが高い患者を対象に，ARBであるテルミサルタンの効果を評価したところ，心血管死や心筋梗塞，脳卒中などの発症がテルミサルタンの投与で抑制されることが示された[23]。マウスにおいては，1型アンジオテンシンⅡ受容体 (AT1) をノックアウトすると，心血管系の傷害が減少し，長寿命を示すことが報告されている。この寿命延長には，腎臓におけるサーチュイン経路の活性化が関与していることが示唆された[24]。

▶ 5.4 抗糖尿病薬 ―メトホルミン― ◀

メトホルミンは，欧米においては糖尿病に対して最もよく処方される医薬品である。別の糖尿病治療薬を用いた場合と，メトホルミンを用いた場合の心臓血管系の疾患発症リスクへの影響を解析した臨床研究において，メトホルミン投与によって死亡率を有意に減少させることが報告された[25]。マウスを用いた研究においては，メトホルミンを含む飼料を与えた場合，寿命を延長させることが報告されている[26]。メトホルミンを投与されたマウスは，インスリン感受性の増強や，血中コレステロールの減少などカロリー制限を行った動物と類似した血液生化学的な変化を示した。

▶ 5.5 抗高脂血症薬 ―プラバスタチン― ◀

高脂血症の治療薬であるスタチン系薬剤のうち，プラバスタチンが高脂血症患者の心血管系疾患の発症を有意に減少させることが報告されている[27]。マウスを用いた実験においては，ドキソルビシンという薬剤の投与による心筋の傷害に対して，ピタバスタチンが保護作用を持つことが報告されている[28]。カロリー制限はドキソルビシン投与による死亡率を減少させることから，ピタバスタチンの標的とカロリー制限の標的分子との相同性が示唆される。

▶ 5.6 抗肥満ホルモン ―アディポネクチン― ◀

脂肪細胞は，脂肪としてエネルギーを貯蔵するだけでなく，さまざまなホルモン様因子を分泌する内分泌器官としても機能している。そのような脂肪細胞由来因子の一つである**アディポネクチン**（adiponectin）は，肥満や糖尿病，動脈硬化症患者において血中濃度が低下していることから，これらの病態発症の抑制に関与していることが知られている[29]。また，100歳以上の高齢者（百

寿者）の血中アディポネクチン濃度が，ほかの年齢と比較して有意に高いことも報告されており，寿命との関連も示唆されている。

カロリー制限を行ったラットや長寿ラットにおいても血中アディポネクチン濃度は上昇していることから，アディポネクチンを介した細胞内シグナル伝達系が，長寿シグナルとして働いている可能性がある[30]。アディポネクチンの受容体には AdipoR1 と AdipoR2 の 2 種類が知られており，これらの受容体を活性化する低分子化合物はカロリー制限模倣物の候補となる可能性がある。

▶ 5.7 代謝改善剤 —ロシグリタゾン— ◀

ロシグリタゾンは糖尿病治療薬として利用される代謝改善剤である。この薬剤は，peroxisome proliferator-activated receptor γ（PPARγ）を活性化させ，インスリン抵抗性（インスリンの作用不全）と脂質代謝を改善する。マウスにおいては，ロシグリタゾンを投与されたマウスとカロリー制限を行ったマウスの肝臓における遺伝子発現パターンが類似していることが報告されている。しかし，メトホルミンを投与されたマウスのほうが，ロシグリタゾンを投与されたマウスよりもカロリー制限群と類似した遺伝子発現変化を示すことが報告されている[31]。

▶ 5.8 グルコース類似体 —グルコサミン— ◀

グルコサミンはグルコースの 2 位の水酸基がアミノ基に置き換わった物質であり，軟骨などの構成成分としても知られている。グルコサミンを投与されたマウスは血糖値が低下し，アミノ酸の異化（分解）が促進されることや，ミトコンドリアの数が増加していることが示された。また，高齢期からマウスにグルコサミンを投与しても，寿命が延長することが示された[32]。

5.9 ニューロペプチドY活性化剤 —グレリン—

成長ホルモン放出促進因子受容体（GHS-R）の結合因子として同定された，胃から分泌されるホルモンであるグレリンは，成長ホルモン分泌促進作用だけでなく，摂食亢進ホルモンとしても機能している。グレリンの主要な標的細胞は，視床下部に存在する**ニューロペプチドY（NPY）**ニューロンであることが知られている。カロリー制限を行ったラットにおいて血中グレリン濃度の上昇と，視床下部におけるNPY遺伝子の発現亢進が見られる。NPYを発現していない，NPYノックアウトマウスに対してカロリー制限を行っても，酸化ストレスに対する耐性が亢進しないことが示された[33]。これらのことから，NPYの活性化を標的とした低分子化合物がカロリー制限模倣物の候補になることが示唆される。

5.10 その他のカロリー制限模倣物

特に基礎疾患のない人へのカロリー制限模倣物の投与を考えた場合，処方薬ではなく植物由来成分などのサプリメントの開発が現実的であると考えられる。マウスを用いたそれらの成分に関する系統的な研究について以下に概説する。

〔1〕 **機能性食品成分**

マウスを用いて，クルクミン，緑茶抽出物，中鎖脂肪酸，オキサロ酢酸，レスベラトロール[34]，およびブルーベリー抽出物，シナモン抽出物，ザクロ抽出物，ケルセチン，セサミン[35]などについてその寿命延長効果について解析した研究が行われた。その結果，これらの物質にマウスの寿命を延長させる効果は見られないことが報告された。

これらの研究は摂食量を正確に調整しており，過去にクルクミンや緑茶由来成分などでマウスの寿命が延長されたとする報告は，摂食量が低下した結果，カロリー制限状態となり寿命が延長した可能性が指摘されている。

しかしながら，これらの成分にはさまざまな疾患モデル動物の血糖値や血中脂質濃度の改善作用を持つものもあり，健康寿命の延長には効果が見られる可能性がある。

〔2〕 **ケ ト ン 体 食**

カロリー制限を行った動物では，血糖値およびインスリン濃度の低下と，穏やかな血中遊離脂肪酸および脂肪酸の酸化によって生じたケトン体の濃度の増加が見られる。そこで，そのような血液生化学的状態を模倣するケトン体食を半合成し，老化促進モデルマウス（SAM）と呼ばれる老化が促進された表現型を示すマウスに投与し，学習記憶能の変化についての解析が行われた。その結果，ケトン体食により血中の**バイオマーカー**はカロリー制限群と類似した変化を一部示したが，学習記憶能の低下を抑制することはできなかった。しかし，カロリー制限を行うと，食餌組成に関係なく学習記憶能の低下を抑制することが示された[36]。

絶食やカロリー制限でケトン体の血中濃度が増加するとFOXO3Aと呼ばれるストレス応答遺伝子の発現調節に重要な転写因子を活性化し，酸化ストレス傷害を抑制することが報告された[37]。どのようなケトン体食の組成が，よりカロリー制限模倣効果が高いかに関してさらに研究する必要がある。

ラスカー賞の日本人受賞者

ラスカー賞は，米国のラスカー財団によって授与される国際的な医学賞であり，基礎医学賞，臨床医学賞などがある。ノーベル賞の登竜門とも言われ，これまで日本人では以下の7名が受賞している（**表5-1**）。

表5-1 ラスカー賞の日本人受賞者

受賞年	受賞者	研究内容
1982年	花房秀三郎	ウイルスによる発ガン機構
1987年	利根川進	抗体の多様性
1989年	西塚泰美	細胞内シグナル伝達系
1998年	増井禎夫	細胞分裂制御
2008年	遠藤　章	スタチンの発見
2009年	山中伸弥	iPS細胞の樹立
2014年	森　和俊	変性タンパク質の修復機構

このうち遠藤章博士は，コレステロール合成阻害薬で，高脂血症や動脈硬化症の治療に用いられるスタチンの発見により臨床医学賞を受賞している。スタチンは全世界で3 000万人以上が服用しているとされ，最も広く利用されている薬の一つである。また，スタチンはアルツハイマー病，骨粗鬆症，多発硬化症，免疫系疾患，ガンなどにもその有効性が期待されている。

第2部　人間科学のための長寿科学

第6章
長寿科学入門

　長寿科学（longevity science）という自然科学と社会科学的な研究を融合させた研究領域が発展しつつある。基礎科学から臨床医学では老化疾患の発症機構や治療法開発が実験動物やヒトを対象として研究されており，社会科学系では超高齢社会が抱える諸問題をどう解決するか，介護や医療政策などについての研究が行われている。
　長寿科学は，老化メカニズムの解明，高齢者特有の疾病の原因解明と予防・診断・治療，さらには高齢者の社会的・心理的問題の研究など，高齢者や長寿社会に関し，幅広い分野を総合的・学際的に研究する学問であり，人間科学の研究テーマとしては最重要な領域の一つである。本章では，長寿科学を知るうえで必要な基礎的事項について説明する。

▶ 6.1　平均寿命と健康寿命の違い ◀

　ある生物が最大限生きられる期間である最大寿命は，生物種に固有なものである。ヒトの最大寿命は約120歳であるが，これは生理的寿命と言われることもある。厚生労働省が発表している平均寿命は，その年に生まれた0歳児の平均余命のことである。平均寿命は，その人の生活習慣や，生活環境という生態学的な面に依存しているため生態的寿命と呼ばれる。
　寿命は life span，**健康寿命**は health span と呼ばれる。健康寿命は，健康で明るく元気に生活し，豊かで満足できる生涯，つまり，「認知症」や「寝たきり」にならない状態で介護者を必要とせずに生活できる期間のことである。平均寿命も健康寿命も日本が世界的に見てトップクラスである。しかし，**図6-1**

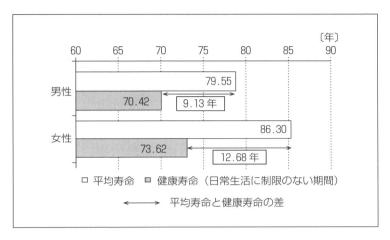

図 6-1 平均寿命と健康寿命の差[38]

に示すようにわが国の平均寿命と健康寿命には男性では9.13年，女性では12.68年，開きがある。

　これは平均寿命がいくら延びていても，人生の後半10年程度は不自由で**生活の質**はそれほど高くない状態を強いられていることを意味している。生活の質が高くない状況でいくら平均寿命が延びても，それほど意味があるとは言えないであろう。健康寿命の延伸は，少子高齢化に悩むわが国において労働力確保や，医療費の削減にも繋がる。したがって，できるだけ平均寿命にこの健康寿命を近づけるための政策が必要とされており，そのような取組みが実際に行われている。

▶ 6.2 生物学的に見た寿命の延長戦略 ◀

　生物学的に見た寿命の延長戦略として**図6-2**に示す三つの項目が挙げられる。
　例えばカロリー制限などによって老化に伴うさまざまな疾患の発症が遅延し，寿命が延長されることが動物実験で実証されている。また，ショウジョウバエなどのモデル生物では，生殖時期を遅らせることでその子孫の集団の寿命

```
┌─────────────────────────────────────┐
│  1. 老化を遅らせる                   │
│  2. 成長期間を長くして人生全体の進行を遅らせる │
│  3. 若いうちに最大生命力を高める     │
└─────────────────────────────────────┘
```

図 6-2 寿命の延長戦略

が延長し，逆に生殖時期を早めることで寿命が短くなることが知られている。若年期に生命力を高めておくことも寿命を延ばす要因になる可能性がある。例えば若い時期にカルシウムを上手に摂取し，骨を強くしておくことで老年期における骨折や骨粗鬆症のリスクを低減し，寝たきり状態になることの回避や寿命の延長が期待される。

▶ 6.3 健康福祉産業の創造 ◀

健康寿命の延伸は，わが国の重要な施策の一つであり，各府省庁で横断的に進められている。再生医療の臨床研究が，iPS 細胞の利用を中心として拡大しているため，これらに関連する産業を日本発の新たな事業モデルとして創造していくことが重要項目の一つとして挙げられている。また，ガンを含め，さまざまな加齢に伴って発症する病気の新しい治療法の開発や，難病・希少疾患の治療法開発も重要視されている。健康寿命を1歳延伸することで数兆円の医療費削減効果があるとされている。

医薬品も健康福祉産業の重要な分野であり，大衆向けの薬に対しても規制緩和が進んでいる。1990年代に胃炎，胃潰瘍の治療薬として処方されていた薬などが一般のドラッグストアで処方箋不要で購入が可能になった。このような薬をスイッチOTC薬と呼ぶ。**OTC** は，over the counter の略で薬局のカウンターの上を通して対面販売で取引きされる薬という意味を含んでいる。それまでは，医療機関において医師の診察を受けて処方箋を書いてもらい，それを院内または院外薬局の薬剤師に処方箋を渡して薬を出してもらっていた。その後，イブプロフェンやロキソニンなどの消炎鎮痛剤（炎症と痛みを鎮める薬）

などもOTC薬として販売されるようになった。OTC薬の多くは，それまで主流であった同じ症状に対する一般薬よりも比較的効き目の強い薬である。処方には医師の診察が必要であった薬を，ドラッグストアなどで土日や深夜でも購入可能とした点で利便性が向上したと言える。これらは基本的に**セルフメディケーション**（軽微な疾患は自宅において自分自身で改善させる）を推進するために実施されているものである。

表6-1に国民の健康増進が期待される新たなOTC薬の開発標的について示した。セルフメディケーションが普及し，その結果として病院に行く患者の数を減らすことで待ち時間や医療費の削減が期待される。しかし，間違った服用法による副作用や，患者の自己判断で重篤な疾患を見過ごしてしまうなどの問題も実際に起きている。

表6-1 国民の健康増進が期待される新たなOTC薬の開発標的

開発標的	疾病など
生活習慣病などに伴う症状発現の予防	高脂血症
生活の質の改善・向上	薄毛，禁煙補助，睡眠障害
健康状態の自己検査	侵襲がない，または少ないもの
軽度な疾病に伴う症状の改善	傷の化膿防止・改善

また，処方薬でも，**ジェネリック**（後発医薬品）と呼ばれる先行して販売された薬（先発医薬品）の特許が切れた後に製造販売される薬の種類も増えてきている。このジェネリック薬も，薬価の安い薬を処方することで医療費の削減を期待して推進されている。

▶ 6.4 セルフメディケーションと健康食品 ◀

脂肪は，グリセロールと**脂肪酸**から構成される生体成分である。脂肪酸は，炭素が連なった鎖状構造の末端にカルボキシル基（COOH）を持つ分子で，炭素と炭素の間に二重結合を持つものを不飽和脂肪酸，持たないものを飽和脂肪酸と呼ぶ。二重結合を二つ以上持つ場合，多価不飽和脂肪酸と呼ばれる。

EPA（eicosapentanoic acid：**エイコサペンタエン酸**）や **DHA**（docosahexanoic acid：**ドコサヘキサエン酸**）は，多価不飽和脂肪酸の代表的なものであり，いわゆる血液をさらさらにするような成分として知られている。血液中の中性脂肪やコレステロールなどの脂質が高い状態の場合，**高脂血症**と呼ばれ，動脈硬化症や心筋梗塞の発症要因となる。健康と疾病の境界領域の人が，これらの脂肪酸を摂取することで動脈硬化症などの病気の発症，進展を予防することが期待されている。EPA は食事として摂取した脂肪の小腸での吸収を抑え，肝臓での脂肪の合成を抑制し，血液中の中性脂肪の分解を促進する働きが知られている。これらの働きによって生活習慣病の発症予防が期待されている。一方で，EPA や DHA によって止血が抑制されることから，出血傾向のある人や，手術を行う予定のある人は服用に注意が必要である。

　EPA，DHA は魚の油に多く含まれている脂肪酸である。油は肥満の基となり，体に悪いというイメージがあると思われるが，EPA や DHA は上記のような理由により結果として血中の脂質濃度を下げる働きが知られている。動物由来の脂肪は飽和脂肪酸が多い。一方で植物や魚由来の脂肪酸は不飽和脂肪酸を多く含み，常温で液体である。また，炭素同士の二重結合が見られる位置を示すために ω（オメガ）という記号が使われ，EPA や DHA は ω-3 脂肪酸と呼ばれ，カルボキシル基から反対側の炭素から数えて 3 番目の炭素が二重結合を形成している。ω-6 脂肪酸には，リノール酸，γ リノレン酸，アラキドン酸などがあり，炎症反応の仲介物質の前駆体としても重要である。ここで紹介した ω-3 脂肪酸および ω-6 脂肪酸は体内で合成できないか，できたとしてもごく微量であるため必須脂肪酸と呼ばれる。

▶ 6.5 一塩基多型と疾病 ◀

　SNP（スニップ）とは，3.5 節でも述べたようにシングルヌクレオチドポリモルフィズム（single nucleotide polymorphism）の略であり，一塩基多型と訳される。アルコールに強い，弱いなど，いわゆる体質と言われていたような形

質の決定に関与する遺伝的なバリエーションのことを指す。近年，そのような遺伝子配列の一つの塩基の違い，あるいは複数の遺伝子における一塩基配列の違いに依存する病気に対する罹り易さなどを表す形質が明らかになってきている。国内でそのような形質の簡易検査の受託を行う企業が増え，ドラッグストアなどで遺伝子検査キットとして販売されているものもある。また，SNPは薬の効き易さなどにも関与しており，今後は**テーラーメイド医療**などに利用されていく技術になると期待されている。

遺伝情報解析の進歩は目覚ましく，現在では数時間でヒト一人が持つすべての遺伝子を読むことが可能になっている。老化研究領域では，100歳以上の高齢者やそれ以上の超高齢者の遺伝子配列を読み取り，どのような遺伝子が長寿と関係があるかを調べる研究が進められている。わが国の百寿者の数は1963年においては，男女合わせて150名程度であった。それが半世紀後の2013年には300倍以上に増え，男女合わせて5万人を突破し，2015年には6万人を超えている。先進国の寿命は世界的に見ても延びており，北欧諸国は日本に次いで長寿国である。一方で，アフリカ諸国は感染症などのため，乳幼児死亡率が高く，平均寿命は短い。

TLO（技術移転機関）

　アンチエイジングは人類の夢の一つでもあり，興味を持つ企業が多く参入してきている。この分野の基本的な技術や特許は大学，あるいは研究施設で開発されたものが多い。これらの技術を企業に橋渡しする機関が **TLO**（Technology Licensing Organization）である。2000年代から全国の大学の内部機関として設立され，大学が持つ技術の移転が促進された。TLO は各分野の博士号，例えば理学，医学，工学の博士号を持つスタッフ，あるいは弁理士や弁護士などの専門資格を持つスタッフから構成される。アメリカでは1970年代から広く普及しているが，日本ではまだ一般的になってから日が浅い。

　インターネット検索大手の Google も，もともとは大学の研究から生まれたもので，初期のころには Yahoo! などにその技術移転が提案されたと言われている。生命科学のキャリアパスでは大学の研究者，あるいは国立の研究機関の研究者になる道を紹介した。最近は，技術シーズとしての研究を十分理解できるだけの科学的な知識を持った専門家が増えた。その知識を生かして働く技術スペシャリストの分野として TLO への博士号取得者の進出も盛んになってきている。

　アンチエイジングの製品サービスの世界市場は，20兆円規模と推計されている。このうちサプリメント市場が8兆円で，日本国内で約2兆円と試算されている。わが国では特定保健用食品（トクホ）（12.3節参照）や機能性食品の開発が盛んに行われており，今後さらに市場の拡大が見込まれている。この分野の技術を正しく認識できる専門家の育成も重要であると思われる。

第7章
老化の定義とその特徴

　生物には固有の最大寿命が存在する。鶴は千年，亀は万年と言われるが，実際に鳥類や亀は長寿命生物である。魚類は脊椎動物で最も種類が多く，中には非常に長生きのものが存在する。例えばメバルは数十年生きるとされる一方で，サケは生殖の後に急激に老化して死に至る。植物を含めると，縄文杉，屋久杉などのように，樹齢数千年を超えるものがある。ブリストコーン松と呼ばれる松は，最大で5 000年の樹齢を持つものが知られている。メトセラという旧約聖書の登場人物にちなんだ名前が付けられた松が，地球上で最も長い樹齢を持つとされている。その松はアメリカのカリフォルニア州に存在するが，その正確な場所は防犯上の理由から明らかにされていない。本章では，生物の老化を知るうえで必要な基本事項について説明する。

▶ 7.1　老化研究の目標 ◀

　老化研究の目標の一つとして健康寿命の延伸が挙げられる。そのためには，モデル生物を用いた分子生物学的な基礎研究と，百寿者などヒトを対象とした遺伝学的な研究の両面からのアプローチが必要であり，これらの研究を通じて，さまざまな角度から寿命シグナルの解明が必要である。

　生命科学におけるシグナルとは，細胞がどのように振る舞うかといった命令となる信号（シグナル）を伝達する機構のことを意味する。ホルモンなど，血液中を循環する因子が最初の引き金である場合は，細胞表面にあるそのホルモンの受容体と，ホルモンとが結合することによって信号が伝わっていく。受容体に結合する分子をリガンドと呼ぶこともある。リガンドと結合した受容体タ

ンパク質のうち，細胞の内側にある部位はリン酸化などのタンパク質修飾を受け，その反応が何段階ものステップを経て，最終的に例えば遺伝子の発現を制御する細胞の核内にまで信号が伝わっていく。このような信号の流れを**シグナル伝達系**と呼ぶ。

自然発症の変異マウスの解析から，**成長ホルモン**（**GH**；growth hormone）が部分的，あるいは完全に欠損しているマウスは体が小さくなるが，寿命が長いことが報告されている。GH/インスリン/IGF-1 シグナル伝達系のシグナルが減弱するとマウスをはじめ，線虫やショウジョウバエなども寿命が延長する（図 4-1 参照）。

このことから，これらのシグナルは生物の進化の過程で，保存されている寿命延長シグナルであると考えられている。これらのシグナルを詳細に解析することで，寿命決定や健康寿命決定の遺伝的な背景を解明し，その応用により健康寿命の延伸をはかる科学的基盤を構築することが，老化研究の目標の一つである。

▶ 7.2 加齢・老化・寿命・死とその定義 ◀

加齢（aging）は，文字どおり年を加えることである。受精してから死に至るまでのすべての過程を意味し，0歳から1歳まで加齢した，あるいは10歳から20歳まで加齢したと言うことができる。

老化（senescence）は，加齢に伴う変化のうち，正常な働きを徐々に失う変化のことを指す。したがって，一般的には性成熟後，生理的な機能が低下する有害な変化を伴う衰退現象が老化である。ゆえに，0歳から5歳まで老化したという言い方をせず，30歳から50歳までの間に老化したという言い方になる。

寿命（life span, longevity）には，**最大寿命**（maximum life span）と**平均寿命**（mean life span）があり，さらに**健康寿命**（health span）が注目されていることはすでに1章で述べた。**死**（death）は生命活動の停止であり，当然ながらヒトは死を免れることはできない。

▶ 7.3 老化の特徴 ◀

老化は普遍性，進行性，有害性，そして内在性という四つの特徴があるとされている[39]。老化はだれにでも例外なく起こる現象で，加齢とともに進行し，個体の機能低下をもたらしてその個体の生存に対して有害に働き，その原因はおもに内因性であると考えられる。しかし，老化や寿命は生活習慣などの環境要因にも大きく影響を受ける。

動物の老化は，性成熟後，加齢とともに現れる不可逆的，生理的衰退現象であり，さまざまな外的要因に対する個体の抵抗性を減弱させ，究極的にはその個体に死をもたらす。このような動物個体の老化現象は，分子，細胞，組織，臓器，そして器官系，すなわち個体の各階層における複雑な生理的変化を伴っている。臓器や器官系など，高等生物において高次レベルの機能に影響を与えることによって，老化は個体の活動に大きな影響を及ぼす。老化は進行性であるため，不可逆的であると考えられるが，実験動物に対するカロリー制限などその進行を遅らせる実験的介入方法は存在する。

▶ 7.4 死の三徴候 ◀

生命活動の停止である死の判断基準として，心臓の停止，呼吸の停止，そして瞳孔の拡大・対光反射の消失がある。これらを死の三徴候と呼ぶ。すなわち，心臓停止により脈拍がない，呼吸停止により息をしていない，瞳孔が開き，目に光を当てても瞳孔が縮まる反応を示さない状態が死の徴候である。生命の維持に深く関わるのは，心臓・脳・肺であり，これらの臓器のうちの一つでも機能を停止すると，ほかの臓器もしだいに機能が停止し死に至る。

植物状態と脳死状態の違いは，植物状態では基本的には自発的な呼吸が行えるのに対し，脳死状態では自発呼吸ができず，人工呼吸器などの生命維持装置を必要とする点である。脳の生命維持機能にとって一番重要な脳幹部分の機能

が保たれている状態であるかないかが，植物状態と脳死状態の大きな違いである。脳死状態でも，現在の医療技術であれば非常に長い期間生存可能な場合もある。しかし，脳の神経細胞が死んでいくとしだいに神経組織に壊死が広がっていく。神経組織における細胞死は不可逆的であり，一度死んでしまった神経細胞は再生して戻ることはない。

▶ 7.5 短寿命および長寿命変異体を用いた老化研究 ◀

マウスにおいて *klotho* という遺伝子に変異が起こると，老化と似た症候群，病気を引き起こすことが知られている[40]。*klotho* はギリシャ神話に出てくる生命の糸を紡ぐ女神にちなんで名前が付けられた（本章コラム参照）。*klotho* に変異があるマウスでは，動脈硬化症を早期に発症し，また骨密度の低下により骨粗鬆症に似た骨折しやすい症状を示す。マウスは通常3年程度生きるが，*klotho* に変異が入ったマウスの寿命は数か月である。また，原因遺伝子はまだ明確には同定されていないが，老化促進モデルマウス（SAM）と呼ばれるマウスも通常のマウスより早く老化し，寿命が短いマウスとして知られている。これらのマウスを用いて老化の基礎研究が数多くなされている。

老化研究の対象としてヒト，ラット，あるいはマウスをはじめさまざまな生物種が使われている。そして進化的にヒトに近い動物であるサルも老化研究によく用いられており，早老症を示すサルの報告もなされている。しかし，日本ではサルを用いた老化研究は，飼育施設の面などから難しい点もある。アメリカでは，サルに対して20年以上，与える餌のカロリーを30％制限して飼育する実験が行われている。その結果，さまざまな老化病態，例えば脳萎縮，動脈硬化症，肥満などがカロリー制限によって抑制されるという研究報告がなされている[41),42)]。ヒトは，実験動物のような均一な飼育環境とは異なり生活環境が個人によって異なっており，遺伝的背景と呼ばれる個人が持つ遺伝子の配列情報も一卵性の双子以外は大きく異なる。そのため，非常に大きな集団を集めて研究する必要がある。実験生物学的に厳密に研究を行うには，遺伝的背景が

7.5 短寿命および長寿命変異体を用いた老化研究

均一なマウス，あるいは線虫やショウジョウバエなどのモデル生物を使うことが多い。

酵母や線虫などの下等生物は変異体を作成することが容易であるため，それらを用いた解析から多くの寿命関連遺伝子が同定された。また，遺伝子解析技術の発展により，ヒトの早老症であるウェルナー症候群やハッチンソン・ギルフォード症候群などを引き起こす原因遺伝子の機能が明らかにされてきた。カロリー制限による寿命延長作用に関する研究も，その寿命制御に重要なシグナル伝達系が明らかになり新たな局面を迎えている。

酵母や線虫の餌の濃度，おもにグルコースや大腸菌などの濃度を下げることで寿命が延長することが知られている。マウスやラット，霊長類であるサルまで，多くの生物種において餌の量を減らすと寿命が延長する。おそらく，そこには進化の過程で保存された共通のメカニズムの存在が示唆され，GH／インスリン／IGF-1 シグナル伝達系との関連が示唆されている。哺乳類での長寿命変異体の作製は，下等生物と比較して複雑ではあるが，ヒトと似た病態を示すことからその有用性は高い。1980 年代前半にトランスジェニックマウス，1980 年代後半からはノックアウトマウスの作製など，哺乳類でも遺伝子の改変が可能となり，遺伝子改変動物などを使った老化研究が世界に広がっている。

ヒトは直接研究することが困難であるため，ヒト由来の細胞を使うという研究も以前から実施されている。培養細胞は，本来ある体の場所とは違う環境に細胞を移して機械の中で培養して研究するため，老化の研究そのものになじまない場合もあるが，iPS 細胞を用いた疾患の研究などは臨床試験の前段階として重要視されている。ヒトの皮膚から細胞を単離し，その細胞を培養するとやがて分裂を停止する。これを分裂寿命と呼び，若いヒト由来の細胞の分裂回数は，80〜90 歳の高齢者由来の細胞よりも多く分裂できることが知られている。このように細胞の分裂に限界があることと提供者の年齢によって分裂回数が異なることが報告され，細胞の分裂寿命がヒトの寿命を決めている可能性が示唆された[43]。

この細胞分裂の限界を，発見者の名前にちなんでヘイフリック限界と呼んで

いる。この分裂限界を決める要因として，染色体の末端に存在する**テロメア**と呼ばれる DNA の繰り返し配列が重要であることが示唆されている。細胞分裂のたびにテロメアがしだいに短くなっていき，もうこれ以上短くなると細胞の活動が維持できない領域までテロメアが短縮すると，細胞が分裂を停止することがわかってきている。

▶ 7.6　加齢とロコモティブシンドローム ◀

メタボリックシンドロームは，メタボリズム（代謝）とその異常によって引き起こされる肥満に伴う高血圧症，動脈硬化症，そして心筋梗塞などの**症候群**（syndrome）を組み合わせて作られた言葉である。

ロコモティブシンドローム（locomotive syndrome）は，筋肉や骨・関節などの動き，あるいは脳の働きによる全身の動作の統一性の加齢に伴う機能低下などによって引き起こされる症候群である。加齢とともに筋線維が細くなることによって，筋力が低下する。ラットなどの実験動物や線虫などの下等生物においても同様な加齢に伴う筋肉量の変化が知られている。寝たきりを防ぎ健康寿命を延長させる観点から，ロコモティブシンドロームの予防・治療に関する研究に注目が集まっている。

ロコモティブシンドロームを理解するうえで重要な疾患概念は，**サルコペニア**（sarcopenia）と**フレイル**（frailty）である。サルコペニアは，筋肉量減少を主体として筋力，身体機能の低下をおもな要因として扱うのに対し，フレイルは高齢者の虚弱を意味し，生理的予備能が低下することでストレスに対する脆弱性が亢進し，機能障害，要介護状態に至る間のことを指す。フレイルには，移動能力，筋力，バランス，運動能力，認知機能，栄養状態，持久力，日常生活の活動性，疲労感など広範な要素が含まれている。健康長寿を実現させるためにも，サルコペニアやフレイルの研究は注目されている。定義や診断基準に関しては，多くの研究者により現在も議論が行われている。

7.7 流動性知能と結晶性知能

　一般的に，老化はネガティブなイメージで受け止められている。しかし，知能には流動性知能，結晶性知能の二種類があるという考え方があり，後者は加齢とともに発達してくると考えられている[44]。図7-1に流動性知能と結晶性知能の生涯発達曲線を示す。

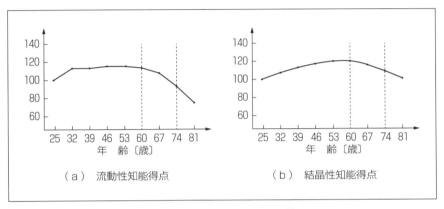

(a) 流動性知能得点　　　　(b) 結晶性知能得点

図7-1　知能の生涯発達曲線[44]

〔1〕　流 動 性 知 能

　新しいものを学習したり覚えたりするような，経験の影響を受けることが少なく，生まれながら持っている能力に左右される知能のことである。簡単に言うと，計算能力や，暗記に近い能力である。このような知能は，若い人のほうが高齢者よりも優れているが，老化とともに急激に低下する。

〔2〕　結 晶 性 知 能

　一般的知識や判断力，理解力などで，過去に習得した知識や経験を基にして日常生活の状況などに対処する能力である。この能力は，60歳ごろまで徐々に上昇し，その後は緩やかに低下する。したがって，いわゆる経験に基づくような判断力は，60歳くらいまで継続して伸びていくとされる。また，その低

下も流動性知能と比べれば老化による影響は少ない。

　社会がすべて流動性知能で解決できるのであれば，若い人の力が重要となるが，知識の伝承や，人間関係を円滑にして政治を実行することなどには，結晶性知能が重要となる。企業などの組織で言えば，マネジメントを行う取締役や管理職の人たちは経験に基づいた知識を蓄積して，最適な判断を下すことが求められている。一方で，若手社員は新商品開発などの新しいアイデアの創造などに長けており，若者と経験豊かなベテランの知識・経験がうまく融合して組織が成熟していく必要がある。これは，少子高齢化が進むわが国の社会全体にも言えることである。

老化と寿命を左右する遺伝子とその名前の由来

　1990年代後半に相次いで老化制御に関わる遺伝子が発見された。それらの遺伝子の欠損や過剰発現によって，実験動物の寿命が延長，または短縮することが明らかにされた。その代表的な遺伝子の一つが *klotho* であり，この遺伝子に変異が起こるとマウスの寿命が短縮する。*klotho* は，ギリシャ神話に登場する寿命を支配するモイライの三女神（**図 7-2**）からその名前が由来している。神話の中では人生の長さを糸の長さと捉え，運命はその糸の長さによって決まると考えられた。三女神はそれぞれ，糸巻き棒から糸を紡ぐ者：クロトー（Klotho），運命の図を描く者：ラケシス（Lakhesis），そして割り当てられた糸を切る者：アトロポス（Atropos）である。神話では，この女神たちによって寿命が決定されていた。

図 7-2　モイライの三女神

　メトセラ（Methouselah）は，旧約聖書の創世記に登場する人物で，ノアの方舟で知られるノアの祖父に当たるとされる。メトセラは969歳まで生きたとされ，聖書に登場する人物において最も長寿であった人物である。ショウジョウバエにおいてある遺伝子に変異を持つと寿命が延長することが発見された。その遺伝子には，このメトセラにちなんで *methouselah* と名前が付けられた。

　遺伝子の名前は，その機能がある程度わかっている場合や，よく似た機能や構造を持つ遺伝子がある場合は，命名法が決まっている場合もある。しかし，この二つの遺伝子のようにそれまで機能や，類似した構造の遺伝子がほとんど知られていなかった場合は，神話などからその遺伝子の特徴をよく表している名前が付けられることがある。それらには日本語由来のものも多く含まれる。

第8章
さまざまな老化の学説

　古くは研究者の数だけ老化の理論があると言われた時代があったほど，これまでにさまざまな老化のメカニズムに関する理論が提唱されてきた。これらの理論は集約するとプログラム説と恒常性破綻説の二つに大別することができる。本章では，分子レベルから個体レベルまで，それらの学説について説明する。

▶ 8.1　老化の基本学説 ◀

〔1〕**プログラム説**
　動物個体の誕生から死亡までのすべての過程を支配する遺伝情報が，受精卵中のDNAにプログラムされており，老化の過程は一連のプログラムに従った遺伝子の発現によって順次進行していくとする考え方である。遺伝子機能レベルでの老化学説と捉えられる。

〔2〕**恒 常 性 破 綻 説**
　動物は，体の内外の環境中からさまざまな物理的，化学的な要因によって体を構成する各階層が傷害される。体内には，それらのストレスに対する防御機構，傷害された分子の修復機構が存在するが，完全ではなく，しだいに生体内の分子，細胞などに傷害が蓄積して衰退現象へと繋がっていく。
　恒常性破綻説では，分子や細胞の傷害から，その影響が個体レベルにまで波及するとし，つぎに示す**エラー説**，**フリーラジカル説**，**体細胞突然変異説**などもその中に含まれる。

8.1 老化の基本学説

〔3〕 エラー説，フリーラジカル説，体細胞突然変異説

細胞内外の環境因子によって，遺伝情報発現の過程にエラーが生じ，結果として細胞機能が傷害される。このようなエラーは**フリーラジカル**と呼ばれる反応性の高い分子による傷害の誘発や，その結果として体細胞に突然変異が生じて蓄積する場合がある。このような変異の蓄積によって老化が進行していくとする考えがエラー説である。

好気性生物は，呼吸によって酸素を取り込み，効率良く ATP を産生してエネルギーを獲得する。この呼吸の過程で取り入れられた酸素は，細胞内のミトコンドリア内で電子と反応し，**スーパーオキシドラジカル**（super oxide radical）が生成される。スーパーオキシドラジカルは生体にとって有害であるため，生成後は速やかに，**過酸化水素**（hydrogen peroxide），**ヒドロキシルラジカル**（hydroxyl radical）を経て無毒な水に還元される。スーパーオキシドラジカル，過酸化水素，ヒドロキシルラジカルは，反応性の高い酸素を含む分子，すなわち活性酸素種と呼ばれ，細胞内の DNA，RNA，タンパク質，そして脂質などを修飾してその働きに傷害を与える。酸素を利用する好気性生物は，**抗酸化酵素**（スーパーオキシドジスムターゼ，カタラーゼ，グルタチオンペルオキシダーゼなど）を有しており，これらの分子は酸化的ストレスに対する防御に関わっている。しかし，この防御機構が完璧に作用しているとは言えない。

体細胞突然変異説はエラー説の一つであり，体細胞の DNA に突然変異が蓄積していくことで老化が進行すると考える説である。ヒドロキシルラジカルなどのフリーラジカルは，そのような突然変異を誘発することで老化を進める可能性がある。DNA の変異は翻訳されるタンパク質の変異に結びつくと考えられるが，防御系や修復系の働き，さらに変異が生じた異常細胞を排除する機構などによって，必ずしもそのような体細胞突然変異が加齢とともに蓄積するわけではない。

▶ 8.2 個体レベルから分子レベルでの老化の仮説 ◀

高等生物における個体，器官系レベルでの機能の維持という観点で老化を考えると，神経内分泌（いわゆるホルモン）や，外からくるストレスあるいは体の中から発生するストレスとそれに対する適応，さらには免疫系の機能の低下などが老化の進行に関与していると考えられている。これらが全身の細胞，組織，そして臓器などの老化に影響を与える。

細胞機能レベルでは，体細胞の分裂に限界があることが組織，臓器などの機能に影響を与えるとする体細胞分裂寿命限界説がある。

分子レベルの老化説には，フリーラジカル説が含まれる。老化のフリーラジカル説はハーマン（Denham Harman）によって 1956 年に提唱され[45]，発表当初は否定的な意見も見られたが，現在では最も重要視されている老化学説の一つである。その仮説の基本は，活性酸素のような非常に反応性の高い物質が体内で発生し，それが生体分子に傷を付けることで老化が進行するという考え方である。老廃物蓄積説では，タンパク質はいわゆる新陳代謝が必要であり，古いものは壊されて，新しいものが生成される必要があるが，この機能がうまく働かない場合に老化が進行すると捉えている。例えば，アルツハイマー病の原因の一つとされる Aβ タンパク質は，神経細胞の間に蓄積して周辺の神経細胞が細胞死を起こし，記憶などの脳の高次機能が失われることで病気が進行する。本来，そのような異常な構造を持つタンパク質は分解されて処理される必要があるが，その処理系の機能低下が起こっている場合がある。老廃物蓄積説は，そのような老廃物処理系の破綻が老化を進行させるとする仮説で，高分子架橋説なども含まれる。

皮膚は老化により固くなり，しわが深くなり，弾力や保水力が減少する。これは，紫外線によって細胞に傷害が蓄積することが関連している。**架橋**（cross-link）とは，おもに細胞外に存在する組織の構成要素であるコラーゲンやエラスチンなどのタンパク質の構造が，それらの分子の間に架橋と呼ばれる

強固な結合が形成されて変化することであり,その結果として弾力性や柔軟性を失っていく。

　ウェルナー症候群など,これまでに明らかになった早老症の原因遺伝子の機能は,DNA に傷が入った場合に修復する働きを持つ修復酵素である場合が多い。そのような遺伝子に変異が入ると,あたかも全身の臓器や外見の老化が促進した表現型を示す。これらのことから,DNA 傷害説が老化の原因として説明されている。恒常性破綻説は,分子から個体へと,これまで述べた分子レベルでのエラーが蓄積していき,最終的に閾値を超えることによって,生体の恒常性が破綻して個体レベルでの老化が進むという考えである。

表 8-1 にこれらの老化学説の一部についてまとめた。

表 8-1　老化学説の一部

階層レベル	仮　説
個体レベル	神経内分泌(ホルモン)説 ストレス説 免疫説
細胞機能レベル	体細胞分裂寿命限界説
遺伝子機能レベル	プログラム説 体細胞突然変異説 エラー説
分子レベル	フリーラジカル説 老廃物蓄積説 高分子架橋説 DNA 傷害説
分子から個体レベル	恒常性破綻説

▶ 8.3　遺伝情報による寿命の支配と環境による修飾 ◀

　寿命は遺伝情報である DNA によって支配されている可能性がある。まず,動物の種あるいは系統によって最大寿命が決まっていることが挙げられる。ヒトの場合は約 120 年であり,イヌやネコは 15〜20 年,マウス,ラットは 3〜4 年である。また,ヒトの一卵性の双子の寿命の差は,二卵性の双子で見られ

た寿命の差よりも小さかったことから，寿命は遺伝子によってある程度規定されていると示唆される。線虫において，AGE-1と呼ばれるタンパク質を規定する遺伝子に変異が入ると寿命が延長することが知られている。そのほかにも以下のような寿命に対する正の相関関係から，寿命が遺伝子にプログラムされているとする考えがある。体重と動物種固有の最大寿命，性成熟に要する期間と寿命，在胎期間と寿命，脳重量と寿命，細胞倍加数と寿命などである。

ヒトに早老症が存在するように，マウスにも *klotho* 遺伝子欠損による早期老化や老化促進モデルマウス（SAM）など早期の老化を示すマウスが存在する。細胞の分裂に伴うDNA末端のテロメアの短縮と細胞増殖の停止や，染色体構造の不安定性がヒトの早老症に関わっていることも示唆されている。また，産仔数と寿命，酸素消費速度と寿命には負の相関があることが知られている。

寿命や老化が遺伝子の発現によって制御されているとしても，外的要因によってその発現は影響を受ける。11章で述べるが，例えばカロリー制限による寿命延長効果は，多くの生物種において認められる。例えば，ゾウリムシ，単細胞生物，節足動物，哺乳類，霊長類を用いた研究からその抗老化作用が確認されている。また，ガンや生活習慣病，神経変性疾患などの発症・進行もカロリー制限によって発症が抑制されることが動物実験で明らかにされている。

カロリー制限という実験処置は，若い女性などが単にダイエットをしているというレベルとは異なる，強い食事制限が必要な実験処置である。一方で，食事エネルギー摂取の過剰によっては，肥満による生活習慣病の発症による老化の促進が起こる場合がある。また，紫外線や放射線も老化を促進する外的要因と考えられる。このように寿命や老化は遺伝子によるプログラムと，環境による修飾によって制御されている。

老化のフリーラジカル説

　ハーマン（Denham Harman）が1956年に最初に活性酸素種による遺伝子やタンパク質の傷害が老化の原因であると提唱した。抗酸化酵素あるいは抗酸化物質の働きによって，これらの有害な活性酸素種を無毒化することで老化が抑制される可能性が示唆された。その後の研究で，線虫やショウジョウバエなどの下等生物では抗酸化酵素の活性を遺伝学的に高めることで寿命の延長が見られることが実験的に示された。マウスにおいても，一部の研究では同様の成果が得られているが，線虫やショウジョウバエほどの寿命延長効果が見られない場合もある。これはおそらく，高等生物では免疫反応や，複雑な細胞内シグナル伝達系の制御にも，活性酸素種が関与しているためであると考えられる。これらの生理的な反応に関与する活性酸素種に影響を与えず，体に有害な活性酸素種のみを無毒化するような手法の開発によって高等生物の寿命延長がもたらされる可能性がある。

　ビタミンCやビタミンEは代表的な抗酸化物質であるが，大規模な臨床試験による健康影響を解析した結果，発ガン率をむしろ上昇させるという研究結果も報告されている。ポリフェノール類などの健康増進成分も，実験的には抗酸化活性が見られるが，人体に対する影響を正確に解析するには，厳密な条件下でヒトを対象とした臨床試験が必要である。

第9章
老化の分子メカニズム

　ストレスとは，生体の恒常性や生理機能を撹乱する，体の外あるいは内から加えられる力のことである。体内で起こる酸化傷害は，生体内の物質に活性酸素が攻撃する反応である。その結果，DNA以外にも，タンパク質，脂質が本来持つ性質が変化することがある。そのことが，一部は病気や老化の促進に繋がると考えられる。酸化的傷害を受けたDNAを修復する酵素が存在するが，その働きが完全でない場合は，DNA複製などの際に変異を起こす可能性がある。本章では，酸化ストレスによる生体分子の傷害など，老化を引き起こすと考えられる分子メカニズムについて説明する。

▶ 9.1　ミトコンドリアとフリーラジカル ◀

　生物にとってのエネルギーである **ATP**（adenosine triphosphate：**アデノシン三リン酸**，**図9-1**）を産生する細胞内小器官は**ミトコンドリア**である。
　ミトコンドリアは独自のDNAを持ち，チューブ状の形状をしている。それらは，たがいに融合したり分裂するなど，ダイナミックに構造を変化させることがわかっている。ミトコンドリアは二重の膜構造をとっており，その内側の膜構造である内膜には，**呼吸鎖**と呼ばれるATP産生に関与しているタンパク質群が存在する。呼吸鎖では電子が伝達されることから**電子伝達系**とも呼ばれる。ミトコンドリアでATPが産生される際には，グルコースや脂肪酸を燃焼しているため，ミトコンドリアは細胞内の燃焼工場に例えられる。しかし，このATPが作られる過程で電子が漏れ，その電子と酸素が結び付くことで活性酸素種を生成する場合がある。この活性酸素種は不安定なため，反応性が高

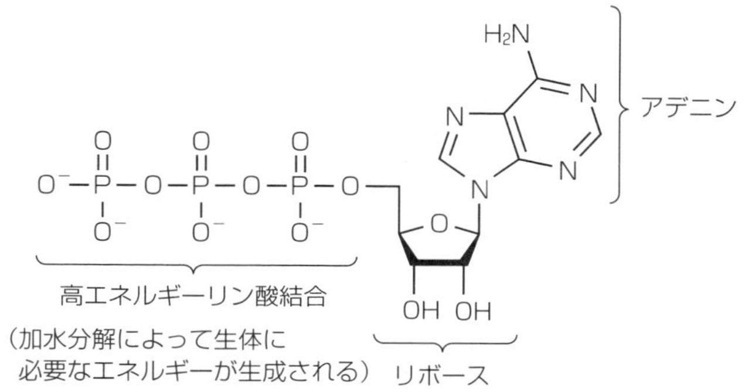

図 9-1 ATP の構造

く，周囲の生体分子と反応して構造を変化させ，それらの機能を傷害する。

▶ 9.2　フリーラジカルによる生体分子への影響 ◀

活性酸素種は，電子が酸素分子と反応することなどによって生じる。おもな活性酸素種を**表 9-1**に示した。活性酸素種は不対電子を持つラジカル種と不対電子を持たない非ラジカル種に分けられる。酸素分子はミトコンドリアの電子

表 9-1　おもな活性酸素種

分　類	活性酸素種
ラジカル種	スーパーオキシドラジカル（$O_2^-\cdot$）
	ヒドロキシルラジカル（・OH）
	ヒドロペルオキシルラジカル（HOO・）
	アルコキシルラジカル（RO・）
	アルキルペルオキシルラジカル（ROO・）
非ラジカル種	過酸化水素（H_2O_2）
	次亜塩素酸（HOCl）
	オゾン（O_3）
	ペルオキシナイトライト（$ONOO^-$）
	脂質ヒドロペルオキシド（LOOH）

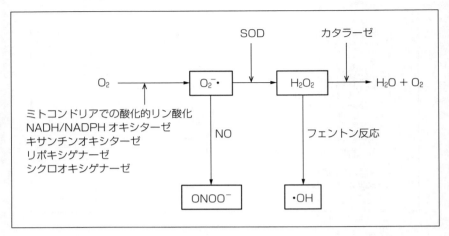

図 9-2　生体における活性酸素種の生成と消去

伝達系以外でも，キサンチンオキシダーゼなどの酵素の働きでスーパーオキシドラジカル（$O_2^-\cdot$）に変化する（**図 9-2**）。

　スーパーオキシドラジカルは，酵素であるスーパーオキシドジスムターゼ（SOD）の働きによって過酸化水素（H_2O_2）に変換される。しかし，H_2O_2 も活性酸素種の一つであるため細胞に対して毒性がある。H_2O_2 は酵素であるカタラーゼによって水（H_2O）に変換される。また，スーパーオキシドラジカルと一酸化窒素（NO）との反応によってペルオキシナイトライト（$ONOO^-$）が生成され，さらに過酸化水素がフェントン反応と呼ばれる反応を起こすことでヒドロキシルラジカル（$\cdot OH$）が生じる。ヒドロキシルラジカルを消去する酵素を生物は有していないため，この活性酸素種が最も毒性が高いと考えられている。

　活性酸素種は酵素による除去以外にも，抗酸化物質などによって無毒化される。ビタミンCやビタミンE，さらにカテキン，分子状水素なども酸化的ストレスを防御する抗酸化物質として知られている。ヒトの体に本来備わっている酸化ストレスに対する防御系以外に，このような食品などに含まれる成分の摂取が健康を増進する可能性があることが知られている。抗酸化物質の多くは生体分子が酸化される身代わりとなって酸化されることで活性酸素種を無毒化

している。

　活性酸素種などのフリーラジカルは，生体を維持していく過程で必ず生成されてくる。フリーラジカルは，DNAを構成するデオキシグアノシンを8-ヒドロキシデオキシグアノシン（8-OHdG）に，タンパク質はカルボニル化タンパク質に，脂質は過酸化脂質に変化させる。このような酸化傷害による修飾は，それらの分子が本来持っていた機能を変化させる。その結果，さまざまな病気や老化の発症・進行に酸化ストレスが関わっていると考えられている。しかし，DNAやタンパク質などさまざまな生体分子に異常を引き起こす病理的な活性酸素の生成以外にも，感染に対する防御や細胞内シグナル伝達に関連する生理的な活性酸素の働きが知られている。フリーラジカルは，免疫系の細胞において外から進入した病原体や細菌などに対して殺菌作用を有している。したがって，フリーラジカルを完全に消去することは，個体の抵抗力を減弱させることになる。フリーラジカルを抑えて疾患の予防に繋げるには，病的に増加した過剰な分だけをうまく除去する方法の開発が必要と考えられる。

▶ 9.3　酸化ストレスと老化疾患の発症 ◀

　酸化反応（oxidation）は酸素が結合し，還元反応（reduction）では水素が結合するか，酸素が除かれる。この酸化還元状態を表す言葉として**レドックス**（redox）という言葉が使われる。ヒトの体を構成している約60％が水分であり，この水分子が紫外線や放射線と反応してヒドロキシルラジカルが生成される場合がある。生体内でのレドックス制御に異常が生じると生体分子の傷害から老化疾患の発症に繋がると考えられる。

　以上をまとめると，ミトコンドリア呼吸鎖や紫外線，放射線などによって生体内で活性酸素種が生成し，DNA，タンパク質，脂質に傷害を与える。活性酸素種の消去や酸化傷害を受けた生体分子の修復が完全ではない場合，発ガンや老化関連疾患の発症に繋がる（**図9-3**）。

74   9. 老化の分子メカニズム

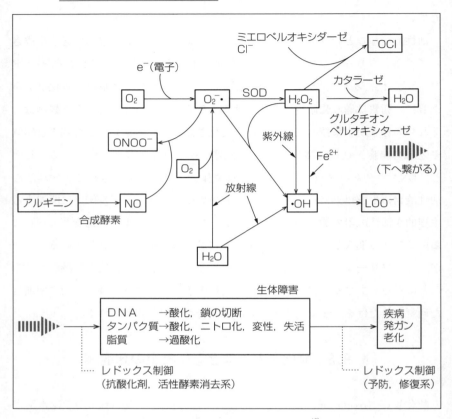

図 9-3 活性酸素種の発生と生体障害 [46]

▶ 9.4 紫外線による DNA の修飾 ◀

　紫外線は，過度に浴びると皮膚ガンやメラノーマ（悪性黒色腫）の発症に繋がる。DNA 中で，チミン（塩基）が二つ並んでいる場所に紫外線が照射されると，そのエネルギーが塩基の構造を変化させてチミンダイマーと呼ばれるチミンの二量体を形成する。このような変異が入ると，DNA 複製の際にエラーが生じる場合がある。通常は，チミンダイマーを取り除いて修復する機構が活

性化されるが,修復がうまく行われなかった場合は,発ガンなどに繋がる可能性がある。一方で,紫外線を浴びることは体内でビタミンDを合成するために必要である。ビタミンDは骨の形成に必要であることから,紫外線を極度に避けることは骨粗鬆症や,くる病(石灰化障害による乳幼児の骨格異常)の発症リスクを高めることになる。

▶ 9.5 酸化ストレスの抑制と寿命 ◀

　下等生物であるショウジョウバエにおいては,SODとカタラーゼの活性を遺伝子操作によって高めることで寿命が延長することが知られている[47]。したがって,活性酸素種の消去能を高めることによって寿命が延長することが示唆される。加齢に伴いDNA傷害が蓄積することも知られていることから,活性酸素種に由来するDNA傷害が老化と関連する可能性がある。実際に,DNA修復能が高い生物種ほど,最大寿命が長いことも知られている。

　フリーラジカルがグルコース(血糖)と反応する場合もある。これが高齢者における糖尿病やアルツハイマー病の進行と深く関わっていることが指摘されている。**AGEs**(advanced glycation end-products)と略される,高度糖化産物あるいは最終糖化生成物は,タンパク質を構成するアミノ酸が持つアミノ基とグルコースとの反応によって形成されたものである。この反応の初期段階はメイラード反応と呼ばれ,反応には酵素を必要とせず,生体内では体温程度の低温で反応が進む。また,メイラード反応は調理の際に見られる褐色の変化で,例えばパンを焼いた際や肉を調理した際,褐色に変化するのと同じ反応である。活性酸素による物質を酸化しようとするストレス,酸化ストレスは体に「錆」を作る反応であるとすると,メイラード反応は体に生じる「焦げ」のようなものであるとも言える。

　活性酸素による酸化ストレスやメイラード反応による細胞の傷害や遺伝子発現の変化が,加齢に伴うさまざまな臓器,組織の変化,さらには病気の発症に繋がっている可能性がある(**図9-4**)。

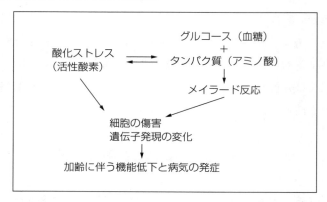

図 9-4 酸化ストレスとメイラード反応に伴う老化の促進 [48]

　活性酸素や糖化反応による過度な傷害は老化を促進し，寿命を短縮する。このことはおそらく間違いないであろう。しかし，活性酸素や糖化反応を予防すれば老化が遅延し寿命が延長するだろうか，この問いにはまだ疑問符がつく。特に高等生物では，スーパーオキシドラジカルや過酸化水素などの活性酸素の過剰な除去反応は，結果としてヒドロキシルラジカルの生成を亢進させる可能性がある。また，8章のコラムでも述べたように免疫反応やシグナル伝達に必要な活性酸素も除去することは，結果として体の恒常性を破綻させる可能性がある。

▶ 9.6 細 胞 の 老 化 ◀

　細胞老化（*in vitro* aging）に関する研究は1960年代から行われている。*in vitro* はラテン語由来の言葉で，試験管内などで行う実験に使われる。これに対して，*in vivo* は生体を用いた研究に，*in silico* はコンピュータ上でシミュレーションを行う研究に使われる。
　ヒトの皮膚から単離した細胞を実験室の培養器内で培養した場合，分裂に限界があることをアメリカの解剖学者であるヘイフリックが発見した。一方で，分裂に限界がない細胞はガン細胞である。通常，ヒトの培養細胞は約24時間

に1回分裂して一つの細胞が二つになる。ヘイフリックは，若い人の皮膚から単離した細胞のほうが，高齢者から単離した細胞よりも分裂寿命も長い（分裂できる回数が多い）ことを明らかにした。受精卵から細胞分裂を繰り返して生じた細胞は，あるものは脳の神経細胞，また別のものは心筋細胞などに**分化**（differentiation）していく。神経細胞や心筋細胞は一度分化した後は分裂しない**分裂終了細胞**（post mitotic cell）である。そのため，脳梗塞や心筋梗塞で細胞が死んでも周囲の細胞は基本的には増殖せず元に戻ることはない。このような細胞は本来分裂しないため，ヘイフリック限界とは関係なく老化していくと考えられる。しかし，最近これらの細胞の幹細胞が発見され，幹細胞には自己増殖能と，新たに神経などに分化する能力があることが示されている。

ガン細胞は無限増殖し，分裂寿命を持たないことから，細胞が老化して分裂しなくなるということは，ガン化を抑制するという非常に重要な意味を持っている可能性がある。すなわちガン化と細胞老化は表裏一体である可能性も考えられる。

▶ 9.7 細胞老化と個体老化 ◀

ヒトでは，細胞老化が顕著になる前に個体の老化が進み，そして最終的に死に至る。またヒトの場合，一部の細胞を除けば成体になってからつねに盛んに分裂している細胞は少ない。細胞の分裂回数に寿命があることは確かであるが，ヒトが100歳まで生きたとしても細胞が分裂できる能力，そのポテンシャルをまだ使い切ってはいない可能性がある。したがって，細胞老化が個体の老化を反映しているかは議論の分かれるところである。

細胞は，細胞周期と呼ばれる規則正しい分裂周期を持っている。ガン細胞はこの周期のコントロールが異常になったものである。老化細胞は分裂を停止した細胞で，p16やp21，p53と呼ばれる細胞周期の進行を抑制するタンパク質が活性化していることが知られている。

9.8 細胞周期とテロメア

　p53 はさまざまな外界からのストレス，放射線や紫外線，あるいはタバコに含まれる発ガン性の化学物質などに応答して活性化される。p53 は p16 や p21 の働きを調節する役割がある。細胞周期には有糸分裂期（M 期）と DNA 合成期（S 期）があり，その間を間期と呼び，それぞれギャップ 1，2（G1 期，G2 期）がある。したがって，M，G1，S，G2 という四つの細胞周期のステージを一回転して細胞は分裂する。この G1 から S に移行する間に細胞が DNA の合成を始めるか，あるいは DNA の合成を一時中断するかを制御しているのが p53 などの細胞周期調節タンパク質である。p53 は，DNA に傷が入ったことを察知することができ，その場合は細胞周期を止めて修復機構を活性化させる。DNA の損傷が大きい場合や，修復が不可能な場合は，その細胞はアポトーシスと呼ばれる細胞死によって取り除かれる。

　テロメアは，細胞分裂のたびに少しずつ短くなる。このテロメアの短縮を防ぐ酵素が**テロメラーゼ**であり，細胞分裂が活発な生殖細胞やガン細胞ではその酵素が活性化されている。テロメアの長さは若い細胞のほうが細胞分裂を重ねた老化細胞よりも長いこと，テロメアの長さが限界まで短くなると細胞分裂を停止することから，細胞分裂の回数をカウントしている重要な因子であることが示唆されている。しかし，マウスは非常に長いテロメアを持ち，テロメラーゼ活性も多くの組織の細胞で見られる。また，ヒトでは分裂終了細胞である心筋細胞においてテロメラーゼが重要な働きを持つことが知られており，テロメアと老化の関連はまだ不明な点が多い。

9.9 老化細胞の形質

　培養細胞の融合技術はすでに確立されている。そこで老化した細胞から細胞核を取り除き，若い細胞と融合するとその細胞はどうなるかという実験が行わ

れた。細胞核は若い細胞由来であるためテロメアはまだ長いままである。このような実験を行った場合，細胞はテロメアが長くても老化した細胞に似たような形態を示し，細胞分裂はあまり進まないことが示された。この融合細胞には，老化した細胞に特有な SDI1 または p21 と呼ばれるタンパク質[49]などが蓄積しており，テロメアを伸ばしたとしても細胞が老化してしまう可能性を示している。この場合，老化した細胞の表現型のほうが優性であると言える。

1997 年には，哺乳動物で初めての体細胞クローン動物である，クローン羊ドリーが報告された[50]。ドリーは，6 歳の羊の乳腺細胞から細胞核を取り出し，別の羊の卵細胞と融合させ，受精卵を作製して誕生した羊である。iPS 細胞はまだ確立されていない時代であったため，細胞の初期化は電気ショックで行われた。約 300 個作製された受精卵のうち，一つだけが正常な発生を経てドリーが誕生した。

クローンとは遺伝的に完全に同一の配列を有することを意味し，この場合，乳腺細胞を提供した雌羊とまったく同じ遺伝子配列を持つ個体が誕生したことになる。ドリーは関節炎などの慢性疾患を伴い，6 歳で死亡した。通常，羊の寿命が 12 年ほどであることを考えると，ドリーは生まれながらにしてテロメアが短く，6 歳の羊が持つ細胞集団で個体が構成されていたと考えられる。しかしながら，細胞の初期化が不完全であったため，ドリーが短命であったことも指摘されている。

一方，パラビオーシスと呼ばれる手法で若いマウスと老齢のマウスの血管を融合させた実験が行われている。この実験では老齢マウスの嗅覚が改善するなど脳の神経細胞の老化が若返りを示した[51]。したがって，この場合は先ほどの細胞融合実験とは異なり，若い表現型のほうが優性であり，若いマウスの体を循環している血液中に何らかの若返り物質が含まれている可能性が示唆された。

▶ 9.10 有性生殖と老化 ◀

DNA やタンパク質などの分子レベルと，細胞レベルでの老化現象があり，

9. 老化の分子メカニズム

細胞と個体までの間に組織，臓器，そして器官系の各階層での老化がある。個体を形成する階層からさらに先に，種や社会といった階層も存在する。高等生物は，種の保存のために有性生殖を行い，遺伝子の多様性をその子孫にもたらす。

　DNAやタンパク質，脂質が酸化傷害を受けるとその機能が劣化する。これらは分子の老化とも言える現象である。細胞においては，生殖細胞と体細胞では，分裂能などに大きな違いがある。ヒトの場合，生殖細胞はテロメラーゼを発現しており，分裂寿命の制御が体細胞とは異なり，体細胞よりもストレスに対して抵抗性が高い。細胞レベルでは，異常な細胞が出現すると，アポトーシスまたは壊死という細胞死の形態で生体から除かれる。大腸菌など，完全にクローンを作る場合は基本的には不死と考えることもできる。有性生殖を行い，雌雄のある生命体は遺伝子の多様性が生じて環境に対する適応性が上昇するが，その代償として老化や寿命が誕生したとも考えられている。

▶ 9.11　免疫機能の低下と個体の老化 ◀

　個体レベルでの老化の仮説として細胞性免疫機能の低下が挙げられている。免疫機能は自然免疫と，獲得免疫（細胞性免疫，液性免疫）に大別される。この中で細胞性免疫に関わる胸腺は，思春期以後に急速に生理的に小さくなっていく。そのため，ヒトの体の中で最も早く老化する臓器とも呼ばれ，また老化そのものにも関与しているという説が存在する。

　関節リウマチは，老化が進んだ比較的人生の後半になって発症してくる，液性免疫が関わる疾患である。これは，自分自身の体の中にあるタンパク質に対する抗体，すなわち自己抗体が作られるために起こる病気である。本来，免疫反応は防御反応で，外からきた病原体を攻撃するが，自分自身のタンパク質から構成される組織，細胞などを攻撃するのが自己免疫疾患である。病原体に対する免疫反応の場合は，病原体が除かれれば免疫反応は終息する。しかし，自分自身の体のタンパク質に反応するということは，最終的には患者自身が亡くならない限り，その免疫反応は持続してしまう可能性がある。

▶ 9.12 神経内分泌（ホルモン）と老化 ◀

　神経内分泌（ホルモン）説も個体レベルでの老化の仮説である。神経内分泌とは，例えば視床下部で分泌されるホルモンが下垂体に存在する受容体でそのシグナルを受け，さらに下垂体から別のホルモンが分泌されて副腎皮質にそのホルモンが作用するといった，神経細胞由来のホルモンが引き起こす生体反応のことである。下垂体が分泌するおもなホルモンの種類を**表9-2**に示す。副腎皮質から産生されたホルモンが血流を通じて最終的に全身の臓器組織を巡ることから，この場合の神経内分泌系は，**視床下部-下垂体-副腎皮質系**（HPA axis；hypothalamus-pituitary-adrenal axis）と呼ばれる。コルチコステロンは副腎皮質ホルモンであるが，ヒトではさまざまなストレスによって血液中の濃度が上昇する。また，サケの生殖後の死に関わるホルモンとしても副腎皮質ホルモンは知られている。

表9-2　下垂体が分泌するおもなホルモンの種類

下垂体の部位	ホルモンの種類
前　葉	GH（成長ホルモン）
	PRL（プロラクチン）
	TSH（甲状腺刺激ホルモン）
	LH（黄体形成ホルモン）
	FSH（卵胞刺激ホルモン）
	ACTH（副腎皮質刺激ホルモン）
中　葉	MSH（メラニン細胞刺激ホルモン）
後　葉	OXT（オキシトシン）
	VP（バソプレッシン）

　女性の場合，女性ホルモンであるエストロゲンの量が減ると骨粗鬆症に罹るリスクが上昇する。男性ホルモンであるテストステロンも生殖能低下とともに低下してくる。また，成長ホルモンも加齢とともに低下する。しかし，動物実験レベルでは成長ホルモンの量が若い時期から少ないほうが長生きであること

が知られている。

　下垂体の発達に重要な，*prop*-1 遺伝子に異常がある自然発症変異マウス，ames dwarf マウスは寿命が長い変異マウスとして報告されている。このマウスは成長ホルモン（GH），プロラクチン（PRL），甲状腺刺激ホルモン（TSH）がほとんど分泌されない。表9-2に示したように下垂体は前葉，中葉，後葉に分かれており，それぞれの部位が分泌するホルモンが異なっている。

☕ 徐福伝説

　古来より，人類は永遠の若さと命を夢見て冒険してきた。司馬遷の『史記』によると，徐福という人物が，東方海上の三神山に不老不死の霊薬があると秦の始皇帝に具申し，3,000人の若い男女と多くの技術者を従え，五穀の種を持って船出したとの記述がある。徐福はその後，広い平野と湿地を得て王となり，戻らなかったとされている。日本において東北から九州地方に至るまで，この徐福に関する伝説が残されている。その中の一つに，紀伊半島南部，現在世界遺産にも指定されている熊野地方にたどりつき，その地に自生するクスノキ科の常緑樹である天台烏薬（テンダイウヤク）という薬木を発見したという伝説がある。

　老化研究は医学生物学領域の最後のフロンティアの一つであり，21世紀になり老化のメカニズムに関する知見が飛躍的に増加してきている。哺乳類におけるカロリー制限の寿命延長効果の分子機構が明らかとなれば，その応用によりヒトの寿命に影響を与える薬剤が開発される日が現実に到来するかもしれない。

徐福や始皇帝を偲んだ五言絶句が刻まれた文字岩
（三重県熊野市）

第 10 章
環境や遺伝子が老化に及ぼす影響

　環境因子と遺伝子の相互作用が老化に影響を与えることが示唆されている。一卵性と二卵性の双子を対象とした研究によると，寿命に関して遺伝子が決定している割合は25〜30％程度であり，残りの70％以上は生活習慣などの環境因子によって左右されると考えられている。本章では，環境や遺伝子の違いが老化をどのように修飾するか，また老化はなぜ存在するのかについて説明する。

▶ 10.1 エピジェネティクスによる寿命の制御 ◀

　遺伝子の変異によって長寿命を持つ変異体は，下等生物から哺乳類まで数多く報告されている。また，それらの生物は平均寿命，最大寿命の両方とも延びている。しかしながら，そのような長寿命変異体の中にも，対照となる変異を持たない野生型の生物よりも寿命が短い個体も実験集団の中で現れてくる。この理由は明確ではないが，**エピジェネティック**（epigenetic）な変化を受けることと関連があることが示唆されている。

　エピジェネティックとは，先天的な遺伝子の配列ではなくDNAそのものや，DNAが折り畳まれて形成された**クロマチン**への後天的な修飾によって遺伝子の発現が制御されることを意味し，そのことに起因する形質の違いがもたらされる。ここでの修飾とは，DNAのメチル化やクロマチン構造を形成しているヒストンのアセチル化などのことである。若い一卵性の双子のDNAメチル化およびヒストンアセチル化のパターンは，よく似ていることが知られている。しかし，高齢となった一卵性の双子のそれらはかなり異なったパターンを

示すことが報告されている。このことは，おそらく環境によってエピジェネティックな修飾が大きく影響を受け，それが蓄積していることを示していると考えられる。

▶ 10.2 環境因子と発ガン ◀

　乳ガンの発生に及ぼす環境要因に関して，アメリカに移住した日系人と日本に住む日本人との間での疫学調査がいくつか行われている。これは，遺伝的背景は同じ日本人という類似した集団で，食事や気候，風土など環境要因が異なる条件下での発ガン率を調べた研究である。その結果，アメリカに移住した人のほうが，乳ガンの発症率が高くなることが報告されている。同様の結果は大腸ガンの発症率に関しても報告されている。日本人と欧米人ではガンを発症しやすい臓器が異なるが，これらの研究では日本人の遺伝的背景を持っていても，環境の違いによって臓器ごとの発ガンのパターンが変化することを示唆している。

　紫外線を浴びると皮膚ガンの発症率が上がることが知られている。白人とアフリカ系アメリカ人を比較すると，白人のほうが皮膚ガンの発症率が高い。メラニン色素は紫外線防御に重要であるため，肌の色と皮膚ガンの発症率には関連がある。

　紫外線に当たることによって皮膚のしわやしみ，炎症や老人性角化症などが生じ，ガン以外にも皮膚の老化を早める可能性がある。しかし，紫外線を浴びることによって骨形成に重要なビタミンDが体内で生合成されるため，まったく紫外線を浴びないことは，**骨粗鬆症**の発症リスクを高めることに繋がる。季節や住んでいる地域の緯度にもよるが，1日10分から20分程度，日光に当たることは皮膚ガンと骨粗鬆症の発症リスクを最小化するために有効であるとされている。

10.3 ストレスと老化

マウスやラットにさまざまな方法でストレスを与えると，副腎皮質ホルモンである**コルチコステロン**の分泌が増加する。コルチコステロンの量が異常に高い場合，神経細胞が損傷することが知られている。また，家族の死など強いショックや，強い環境の変化があるとストレスによる認知症の発症に影響が出る場合があることが知られている。

一方で，コルチコステロン分泌の増加が適度であれば，むしろ神経細胞を保護する働きや，発ガン抑制効果があることも動物実験によって報告されている。副腎を摘出したマウスにカロリー制限を行っても，腫瘍の発生頻度が低下せず，寿命の延長も見られないことが報告されている。カロリー制限を行った動物の血中コルチコステロン濃度は上昇することから，カロリー制限による抗老化作用は一部，コルチコステロンの働きが関与している可能性が示唆される。

10.4 老化促進と早老症

老化は，年齢に伴って増加していく死亡率で表すことができる。死亡率が加齢に伴い指数関数的に増加する集団では，その死亡率はゴンペルツ関数に従う（1.8節参照）。**老化促進モデルマウス**（SAM）は，自然発症の多因子性の老化促進を示すモデルマウスである。SAMPが老化促進を示し，SAMRは老化促進を示さない対照マウスとされている。これらのマウスは，両者で死亡率倍加時間（MRDT）が異なる。したがって，SAMPとSAMRではゴンペルツ関数の傾きが異なっており，老化の速度に違いがある。

早老とは，性成熟以前に老化と似た現象を示す場合を指すことが多い。一方で，老化促進は成熟期までは正常な発達を示すが，老化過程のみが促進していることを表しており，老化促進と早老は区別されている。

10.5 早老症と部分的早老症

　単一遺伝子による早老症として，ハッチンソン・ギルフォード症候群，ウェルナー症候群が代表的なものとして挙げられる。ハッチンソン・ギルフォード症候群は数百万人に1人と言われるきわめて希な疾患であるが，さまざまな老化に似た表現型を幼児の時期から示し，10代半ばで亡くなることが多い。ウェルナー症候群は10代前半くらいまでは健常人と外見上は区別がつかないが，40代後半までに動脈硬化症などさまざまな老化関連疾患を発症し，死亡することが多い。これらの疾患の原因遺伝子は同定されており，それらの遺伝子に異常があると，さまざまな外的，内的なストレスによって遺伝子に傷害が入りやすい**染色体不安定性**を持つことがわかっている。

　一般的に早老症とは，複数の臓器，あるいは器官系など，システムでの早期老化を示すが，ある臓器に特異的に老化が早く起こってくる場合もある。脳神経系であればアルツハイマー病，骨であれば骨粗鬆症などが挙げられ，部分的早老症とも呼ばれる。骨は絶えず作られて，古いものは壊される，ターンオーバーが行われているが，そのバランスが崩れることによって骨がもろくなり，骨折しやすくなる。高齢者が大腿骨の骨頭部を骨折すると，完全に回復することが難しく，寝たきりになる場合が多い。

10.6 動物の体の大きさと最長寿命

　体が小さくて代謝強度，おもに単位時間当たりの酸素の消費速度が大きな動物は寿命が短い。マウスと象を比較して，象が長生きである理由はこのためであるとされる。しかし，異なった動物種の間で基礎代謝速度を比較すると，鳥類と哺乳類ではこの関係性が成り立たない。マウスは体重20ｇほどで3年程度生きるが，鳥類であるハチドリは体重6ｇほどにも関わらず，寿命はマウスの3倍以上長い[52]。また，鳥類の単位時間当たりの酸素消費量はマウスよりも

高いが，発生する活性酸素の量は低いことが報告されており，このことが鳥類の長寿と関連している可能性が指摘されている。

▶ 10.7　有性生殖と無性生殖 ◀

　遺伝的多様性を作り出し，子孫の環境への適応度を高めるため，有性生殖が行われる。ヒトの場合，精子または卵子が形成される過程で減数分裂が起きる。減数分裂の際に染色体の組換えが起こり，これが精子や卵子の多様性を作り出す。この組換えによる遺伝子のシャッフルがなければ，同じ親から生まれる兄弟，姉妹は同じ遺伝子配列を持つことになる。受精後，体細胞分裂では例外を除き遺伝的多様性は生み出されない。

　生殖細胞に含まれる DNA は，連綿と子孫に伝えられることを考えると，生物の体は DNA を乗せる単なる乗り物であり，一世代限りの使い捨てであるとの考え方がある。通常，無性生殖を行う生物では，親にあたる個体とまったく同じ遺伝子を持つ子孫が誕生するが，環境の急激な変化に適応することが困難であり，つねに絶滅の危機にさらされる。一方で，このような生物は老化がないとも言える。

▶ 10.8　進化の過程における老化形質の選択 ◀

　進化の過程で突然変異があり，環境に適合するための自然選択が行われて固定される。したがって，遺伝形質として老化を捉えることができ，積極的に老化させる遺伝子が存在すると考えることもできる。そうであるならば，老化を進める遺伝子はどのようにして進化してきたのか。進化の過程が続いていれば，むしろ老化しないという形質が選択されることもできた可能性がある。しかし，なぜそうならなかったのか。

　老化が存在することを説明する一つの例として，繁殖を終えた個体が種の保存のために若い個体に餌などの生存資源を譲る必要があり，そのために老化と

死が存在するとの考え方がある。しかし，この場合，生まれた個体を選抜してより環境への適応度を高めるような自然選択が働いたほうが種の保存に有利であると考えられる。したがって，老化現象そのものが自然選択の対象となったとは考えにくいとされている。

このように，老化は進化に「適応している」とする考えと「適応していない」とする考えがある（**表10-1**）。多くの場合，生殖は生物が持つ生涯のうち前半の時期に見られることから，老化や病気の発症に関連する，年を取ってから形質を発現する遺伝子の場合に比べ，若いときに発現する遺伝子は環境への適合に関してより強い選択が行われると考えられる。つまり，個体の若い時期に見られる長所は，年を取るまで抑えられている短所を上回る形で自然選択されていくと考えられている。また，自然選択はつねに集団の環境への適応度を高める方向に作用する。自然界では，生物は老化するよりも前に死亡するので，生殖期以後に進化の選択圧が働いたとは考えにくいとされている[53]。結局のところ，進化は老化形質に対して中立であったと考えられている。

表10-1　老化の進化適応説と進化非適応説

説	内　容
進化適応説	個体の健全な発達と死が生存に必要であり，個体の寿命を制限することが種や集団において有利であったと考えられる。したがって，老化はプログラムされ直接的に自然選択下にあったと考えられる。
進化非適応説	進化は種の保存を最適にするように働いただけで，自然選択は老化期には直接働いてはいなかったと考えられる。したがって，老化は進化の単なる副産物であり，確率的エラーの蓄積のような事象で起こる。

▶ 10.9　老化の多面拮抗発現説 ◀

加齢とともに，遺伝子の異常などが蓄積してさまざまな機能不全や疾患を発症するリスクを，なぜ進化的に回避できなかったのであろうか。その説明の一つとして，**多面的拮抗発現説**がある。これは，若いときには生体の生存に有利であるが，年を取ってからは有害になる遺伝子が存在し，そのような遺伝子が

老化の進行に重要であるとする説である。

　生物には，二つ以上の働きを持ち（多面的），生存に対してまったく逆の働きを持つ（拮抗的）遺伝子があるのではないかという説である。具体的にどの遺伝子が多面的拮抗遺伝子かは厳密には証明されていない。しかし，倹約遺伝子と呼ばれる食物が少ないときには効率的に脂肪細胞にエネルギー源を蓄える働きを持つ遺伝子や，若齢期の成長に必要な成長ホルモン遺伝子などが想定されている。倹約遺伝子は，食物が過剰にある際には，むしろ肥満の発症など生体にとって有害に働くようになる。また，成長ホルモンは成長期には必須であるが，成熟後は発ガンのリスクを高める可能性があり，多面的拮抗発現の例として指摘されている。

▶ 10.10　老化の使い捨て体細胞仮説 ◀

　老化の使い捨て体細胞仮説（disposable soma theory of aging）は，多面的拮抗発現説の発展理論として提唱された老化理論である。この考えでは，生物は個体維持と子孫の再生産とでエネルギーを一定の割合で振り分けるとする。すなわち，ある時期に利用可能なエネルギーの量によって，生体機能が調節されているとする考え方である。個体が利用可能なエネルギーが十分にあれば，生殖にそのエネルギーを使い，エネルギーが少ない場合は自分自身の細胞の維持にエネルギーを使う。これらが両立せず，どちらか一方だけを優先させる必要がある，**トレードオフ**（trade-off）の関係が生殖と個体の生存との間に存在すると考える説である。しかし，実験生物学的には，そのようなトレードオフは存在しないという実験結果も報告されている。

　種の保存において「繁殖のための投資＞個体を維持するための投資」で表される関係性が重要であり，この方向に傾く変異は自然淘汰においても維持されると考えられる。その結果として体細胞は使い捨てであり，生殖細胞に埋め込まれた遺伝情報を進化の過程で保持するために，個体の維持には不利に働く老化が進化の間でも残されてきたと考えられる[53]。

☕ オーファンドラッグとアンメットメディカルニーズ

　希少疾患（希少疾病）とは，わが国において患者数5万人未満の希な疾患に対して使われることが多い。狭義には，特定疾患と呼ばれ厚生労働省が実施する難治性疾患克服研究事業の臨床調査研究分野の対象に指定された130疾患のことである。また，難病とは，① 原因不明，治療方針未確定であり，かつ，後遺症を残すおそれが少なくない疾病，② 経過が慢性にわたり，単に経済的な問題のみならず，介護などに等しく人手を要するために家族の負担が重く，また精神的にも負担の大きい疾病，と定義されている。2016年1月現在，306疾病が難病に指定され，医療費助成などの対象疾患となっている。この難病に該当する患者は，国内に約150万人いると推定されている。

　オーファンドラッグとは希少疾病用医薬品とも呼ばれ，難病と言われるような，患者数が少なく治療法も確立されていない病気のための薬のことである。また，アンメットメディカルニーズとは，難病など患者や家族の負担が大きく，有効な治療法が強く望まれているが，医薬品などの開発や治療法の確立がなされていない，未充足の医療ニーズのことである。

　希少疾病のような，患者数の少ない難病に対する治療薬は，採算性の問題などから大手製薬企業の開発対象になりにくい状況にあった。しかし現在では，こうした希少疾病用のオーファンドラッグの開発が，政府機関の助成のもとで研究が奨励されるようになっている。そのような制度を利用して，国内の大学や公的研究機関，あるいはベンチャー企業などから，希少疾患に対する有力な薬や治療法が誕生することが期待される。

第11章
抗老化の実験研究と実践

　自然界で通常見られるような，獲得できる食物量の変動が大きい環境下では，生存のためにエネルギーを効率的に蓄積することが重要となる。そのようなエネルギー代謝に関する生体機能を獲得した生物が，進化の過程で選択されて生き残ってきたと考えられる。すなわち，少ない食事量でも十分に脂肪などの形でエネルギーを蓄える機構が，進化の過程では生存に重要であったと考えられる。しかしながら，現代社会においては，そのようなエネルギー貯蓄の効率化に関連する遺伝子を持つ体質や形質がむしろ不利に働き，食物の過剰な摂取によって生活習慣病，肥満，そして糖尿病の発症などの増加に関連している可能性がある。一方で，マウスにカロリー制限を行う場合，30 〜 40％カロリーを減らすと，その結果生体の生存に有利な防御システムが発動し，抗老化作用が発揮されるとも考えることができる。本章では，カロリー制限による寿命延長効果のメカニズムを中心に説明する。

▶ 11.1　カロリー制限した動物と長寿命変異体の類似性 ◀

　カロリー制限による寿命延長は 1930 年代に最初に報告されている。また，80 年代から 90 年代にかけて多くの寿命制御遺伝子の同定が行われた。これらは寿命を縮める遺伝子も，延長する遺伝子も含まれる。そして 2000 年代に入りサーチュインの機能解析やさまざまな遺伝子改変マウス，さらには霊長類を用いた研究が行われ，寿命制御に関する研究が飛躍的に進展した。これらの研究から，長寿命変異体の原因遺伝子と，カロリー制限によって活性化される細胞内シグナル伝達系の相同性が明らかになってきた。**図 11-1** に長期間カロリー制限を行ったマウスの特徴を挙げる。

> ① 酸化ストレスの抑制
> ② 血中グルコース濃度（血糖値）の低下
> ③ インスリンに対する感受性の増強
> ④ 体脂肪量の減少
> ⑤ 副腎皮質ステロイドホルモン濃度の上昇
> ⑥ GH，IGF-1，インスリン濃度の低下

図 11-1 長期間カロリー制限を行ったマウスの特徴

　酸化ストレスの抑制は，フリーラジカルの産生抑制，および抗酸化酵素の活性化による酸化ストレス消去系が活性化されることによってもたらされる。その結果，過酸化脂質などの酸化傷害を受けた生体物質の生成が抑制されると示唆されている。さらに，血中グルコース濃度（血糖値）とインスリン濃度の低下が見られる。これらはインスリンの感受性（効果の出やすさ）が増強していることを示唆している。また，体内に蓄積されている脂肪量は減少する。カロリー制限動物の脂肪細胞は，自由摂食動物と比較してそのサイズが小さくなっている。痩せている人と太っている人の脂肪細胞の違いは，その数の違いよりも細胞の大きさが異なっている。すなわち，一つの脂肪細胞に貯蔵されている脂質の量が違うため，大きさが異なっている。肥満による脂肪蓄積は糖尿病などの発症に関連するが，一方で脂肪萎縮症と呼ばれる脂肪量が極端に減少した状態においても糖尿病を発症する場合がある。このことは，アディポネクチンなどの善玉ホルモンの減少が関連すると示唆されている。長期間カロリー制限を行ったマウスにおいては，アディポネクチンの分泌が上昇していることが知られている。血漿中の成長ホルモン（GH）と，IGF-1 濃度がカロリー制限マウスで低下していることも知られている。GH，IGF-1 濃度が低下していることから体のサイズが小さくなり，これは下等生物において見られる長寿命変異体の表現型と類似している。

　酵母，線虫，ショウジョウバエ，そしてマウスなど，遺伝子の変異により長寿命化した動物は，対照生物と比較してサイズが小さいことが多い。したがっ

て，代謝が低下しているために寿命が延長していると指摘される場合もある。しかし，長寿命変異マウスの単位体重当たり（1g当たり）の酸素消費量は，通常の寿命を持つ対照マウスと比較して統計学的に有意な差が見られないという実験結果も報告されている。

多細胞生物である線虫の長寿命変異体が発見されたのは，AGE-1と呼ばれる遺伝子が最初で，1988年に報告されている。その後，DAF-2，DAF-16という遺伝子の変異に変異があると線虫の寿命が延びることが報告された。マウスやヒトにもこれらの相同遺伝子が存在することが明らかとなり，それぞれAGE-1がPI3K，DAF-2がインスリンやIGF-1の受容体，DAF-16はFOXOと呼ばれる酸化ストレス防御に関する遺伝子の発現を制御する転写因子に相当することが示された（図4-1参照）。つまり，進化の過程でこれらの寿命を制御するシグナルが，線虫からマウスまで共通の機能として保存されている可能性が示唆されている。これらの遺伝子が関与するシグナル伝達系は，栄養状態の検知や，エネルギー代謝，さらには酸化ストレス防御などに関わっている。必要な際に必要な量だけエネルギーを消費し，余った分は脂肪などとして貯蔵するように動物の代謝はプログラムされている。この恒常性維持機構の制御と酸化ストレス耐性，そして寿命との間に関連があることが示唆される。

▶ 11.2 カロリー制限によって発症・進行が抑制される疾患 ◀

実験動物が，好きなときに好きなだけ餌を食べられる状態を**自由摂食**（**AL**；ad libitum）と呼ぶ。**カロリー制限**（**CR**；calorie restriction）は通常，AL動物が食べる餌の量を算出し，そこから30～40％程度減らした量を与える形で実施される。マウスやラットに対するカロリー制限による抗老化作用は，離乳直後など開始時期が早いほど効果が高い。しかし，ヒトでは中年期に相当する時期からマウスやラットに対してカロリー制限を開始しても，これらの動物では寿命延長効果が見られることが知られている。

マウス，ラットおよび各種疾患のモデル動物などを用いた実験結果から，カ

ロリー制限によって，ガン，心疾患，脳血管疾患，メタボリックシンドローム，さらにはアルツハイマー病やパーキンソン病のような神経変性疾患などの発症・進行が抑制されることが示されている．また，ミトコンドリア病などの希少疾患と呼ばれる，数千人に1人が発症するような非常に稀な疾患のモデル動物に対しても，カロリー制限はその発症・進行を抑制することが知られている．これらの結果は，カロリー制限は老化のプロセスそのものを抑えることでさまざまな疾患に対してその発症や進行の抑制効果があることを示唆している．したがって，カロリー制限の抗老化作用の研究が，さまざまな病気に対する治療薬の開発に結びつく可能性があるが，それらの薬剤は，疾患から完全に回復させるような特効薬にはならないと考えられる．しかし，オーファンドラッグと呼ばれる有効な治療薬が存在しない疾患に対する治療薬を提供することや，アンメットメディカルニーズ（満たされていない医療的要求）の解決に繋がる可能性を秘めている重要な研究課題である．

▶ 11.3　カロリー制限にはなぜ抗老化効果があるのか ◀

　進化的にカロリー制限の抗老化効果を考察した場合，野生生物が頻繁に遭遇したであろう食物不足に対する防御システムと関連があると考えられている．倹約遺伝子について述べたように，限られたエネルギーを効率的に利用することができなければ，種は絶滅の危機にさらされる．エネルギーが限られた状態では，自身の体細胞の維持に集中し，成長や生殖，あるいは熱産生などのエネルギーを消費するような活動は抑えるように代謝を変化させる．老化の使い捨て体細胞仮説と関連し，このことが結果として個体の抗老化作用，寿命延長に繋がると考えられている[54]．このエネルギーの振分けを行う重要な部位は，脳の視床下部であると示唆されており，視床下部はホルモンを介して下垂体にシグナルを伝達し，さらに下垂体でもさまざまなホルモンが分泌されるようになる．GH／インスリン／IGF-1シグナル伝達系のシグナルは，視床下部−下垂体系と関連があることから，このシグナルとエネルギー代謝，寿命，抗老化作用が

関連していると示唆されている。

▶ 11.4　GH/インスリン/IGF-1シグナル伝達系による寿命制御 ◀

GHを遺伝子組換えにより抑制したラットを用いて実験を行った結果,適度なGH/インスリン/IGF-1シグナル伝達系の抑制はラットにおいて寿命を延長することが示されている。GH/インスリン/IGF-1シグナル伝達系の抑制がカロリー制限による寿命延長の本質であれば,この遺伝子組換えラットの寿命は,カロリー制限によってさらなる延長は示さないはずである。しかし,このラットにカロリー制限を行うとさらに寿命が延長することが実験によって示された。したがって,カロリー制限による寿命延長には,GH/インスリン/IGF-1シグナル伝達系の抑制が部分的に関与していることは否定できないが,ほかの要因,あるいはより本質的な寿命制御経路が存在すると考えられている。

GHを欠損して長寿命を示すames dwarfマウスにおいても,上記と同様の実験結果が示されている。しかし,長寿命を示す成長ホルモン受容体/結合タンパク (GHR/BP) の遺伝子ノックアウトマウスに対してカロリー制限を行っても,さらなる寿命延長効果が見られないことが報告されている。この結果は,GH受容体を介したシグナル伝達の抑制による長寿命化と,カロリー制限による寿命延長が同一のシグナル伝達系に存在している可能性を示唆している。これらの研究結果の違いから,GH/インスリン/IGF-1シグナル伝達系とカロリー制限による寿命延長作用との関連はまだ不明な点も残されている。

▶ 11.5　レプチンによる神経内分泌系の制御 ◀

動物の摂食行動は,おもに脳の視床下部の**弓状核**と呼ばれるところに存在する二種類の神経細胞によって調節されている。それらは摂食を亢進させる**ニューロペプチドY**(**NPY**)を発現しているNPYニューロン,および摂食を抑制する**プロオピオメラノコルチン**(**POMC**)を発現しているPOMCニュー

ロンである。これらの神経細胞は，たがいに拮抗的に抑制し合う働きがある。また，両者とも脂肪細胞から分泌されるホルモンであるレプチンの受容体を発現しており，そのシグナルによって遺伝子発現が制御されている。レプチンシグナルによって視床下部弓状核におけるNPYの発現は抑制され，POMCの発現は亢進する。したがって，摂食後にレプチンの血中濃度が上昇してNPYニューロンが抑制されると同時にPOMCが活性化されることで食欲が抑制される。

インスリンもまた，レプチンと同様の働きをNPYおよびPOMCニューロンに対して有している。すなわち，インスリンシグナルによってNPYニューロンが抑制され，POMCニューロンは活性化される。摂食後，満腹中枢が刺激されるまでに時間が掛かるため過食になる場合があるが，これは食後にレプチンやインスリンの血中濃度が上昇するまでの時間や，視床下部でのそれらのシグナル伝達系の活性化に要する時間と関連している。

自由摂食およびカロリー制限ラットの血中レプチンの濃度を調べると，カロリー制限ラットは自由摂食ラットと比較して低いことが知られている。その結果，レプチンのNPY発現に対する抑制作用が低下している状態となり，カロリー制限ラットは視床下部弓状核におけるNPY発現が高い状態にある。一方で，POMCの発現は抑制されている。また，レプチンをラットの脳内に投与すると，このカロリー制限によるNPYの活性化が消失することからも，レプチンがカロリー制限ラットのNPY活性化に重要であることが示唆されている。

▶ 11.6　遺伝的肥満型ラットに対するカロリー制限の影響 ◀

レプチンの受容体に異常があり，視床下部においてレプチンシグナルを伝達することができない遺伝的肥満型ラット（Zuckerラット）は，つねに視床下部におけるNPYの発現が高いまま維持され，その結果として過食と肥満を呈する。ヒトでも同様にレプチン受容体に異常があり，遺伝的に肥満を呈する遺伝子変異が知られている。レプチンが発見された当初は，レプチンを投与する

ことで食欲が減り，さらにレプチンには脂肪を分解する働きもあることから，夢の抗肥満ホルモンになると考えられた。しかし，肥満者はインスリン抵抗性と同様に，レプチンに対する抵抗性を持っている場合が多く，外から点滴などでレプチンを投与しても効果があまり見られない場合がある。

Zuckerラットはレプチン抵抗性と，インスリン抵抗性の両方を示す。しかし，このラットにカロリー制限を行うと，NPYの発現は亢進することが知られている。したがって，レプチン，インスリン以外に第三のNPY制御因子がカロリー制限によるNPY活性化に関与していることが示唆された。そのNPY制御因子は，胃から分泌され食欲を亢進させる働きのあるグレリンと呼ばれるホルモンである可能性が示唆されている。

また，NPYの遺伝子ノックアウトマウスを用いた研究も行われている。野生型とNPYのヘテロノックアウトマウス（片親からは正常な遺伝子を受け継いでいる）は，カロリー制限によって腫瘍の発症頻度が減少し，寿命の延長が見られる。しかし，NPYホモノックアウトマウス（両親から欠損した遺伝子を受け継いでいる）では腫瘍の発症頻度がカロリー制限によっても減少せず，寿命延長も見られないことが報告されている。おそらくカロリー制限による抗腫瘍効果は，酸化ストレス耐性と関連しており，NPYが欠損すると酸化ストレス耐性がカロリー制限を行っても亢進しないため，腫瘍の発生頻度も低下せず，寿命延長が見られないと考えられる。

▶ 11.7 霊長類に対するカロリー制限の効果 ◀

サルを使ったカロリー制限研究が，アメリカの二つのグループで行われている。サルの遺伝的背景や，与えている餌の組成などの違いによって，この二つの施設で行われた研究は少し異なる結果が出されている。しかし，老化に伴う疾患の発症が抑制され，健康寿命が延伸していることは共通して示されており，このことは，同じ霊長類であるヒトにおいてもカロリー制限による抗老化作用が発揮される可能性を示唆している。

カロリー制限を行ったサルは毛並みや毛づやも良く，見た目の抗老化作用も確認されている（**図11-2**）。マウスやラットなどとサルで共通して見られるカロリー制限の特徴として，低体温，血中インスリン濃度の低下，dehydroepiandrosterone sulfate（DHEAs）というホルモンの血中濃度が高いことが報告されている。この三つの指標の変化は，ヒトにおいても死亡率が低く，長寿命を示す可能性のある**バイオマーカー**（biomarker：**生物学的指標**）として知られている。

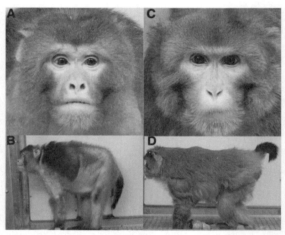

A，Bは平均寿命の年齢における自由摂食サル，C，Dは30％カロリーを制限した同じ年齢のサル

図11-2 自由摂食とカロリー制限を行ったサルの外見の比較[55]
〔Colman, R.J., et al. : Caloric restriction delays disease onset and mortality in rhesus monkeys, Science, **325**(5937), pp.201-204(2009)より許可を得て転載〕

▶ 11.8 カロリー制限の効果を模倣する物質の候補 ◀

ヒトに対して長期間にわたってカロリー制限を実施することは，空腹に耐える必要があるなど，その実行にはかなりの困難が伴う。そこで，実際にカロ

リー制限をすることなく，その健康に良い面だけを模倣することができるような物質の探索研究が行われている。サーチュイン活性化剤などの薬剤や植物に含まれる抗酸化成分などがその候補物質であると考えられている（表4-3参照）。植物由来成分としては，ポリフェノールが注目されている。

　カロリー制限模倣物の開発標的としては，図11-1で示したような抗酸化ストレス，あるいは血糖値や血中インスリン濃度を下げるようなカロリー制限を行った動物の特徴を模倣するような物質が考えられる。また，弱いストレスを与えているほうがむしろ体の防御システムが活性化されるというホルミシス効果も，抗老化に関与していると考えられる。そのような効果をもたらす物質も，カロリー制限模倣物の候補になる可能性がある。

▶ 11.9　カロリー制限の負の側面 ◀

　強いカロリー制限を実際にヒトで行うのは非常にリスクが高い。例えば骨形成の低下による骨折や骨粗鬆症リスクの増加や，生殖，成長発育への悪影響が知られているためである。性ホルモンなどの分泌の抑制から妊娠への悪影響があり，不妊症を招くことや，たとえ妊娠したとしてもカロリー制限を続けた場合は胎児の発達への悪影響が見られる場合がある。また，成人になる前にカロリー制限を行った場合，成長や精神的な発達に悪影響が生じる場合がある。健康的な適正体重を維持するために適切な食事を心がけることは重要であるが，強いカロリー制限による副作用を十分認識しておく必要がある。

　また，カロリー制限は社会的にも負の側面を持っている。例えばストイックにカロリー制限を行っている場合，家族や友人との交流が希薄になるなど，周囲から孤立してしまう場合がある。また，拒食症などの摂食障害を発症することがあり，この場合は死に至ることも考えられる。それでもなおカロリー制限を実行する場合は，医師による定期的な健康チェック，管理栄養士などの専門家による献立の作成などを必要とし，時間や資金面でのコストの負担も十分に考慮する必要がある。

▶ 11.10 科学的かつ安全なアンチエイジング ◀

これまでの議論をふまえて，実行可能な科学的かつ安全で経済的なアンチエイジング方法を以下の**表 11-1** に示した。食事の内容とその摂り方に注意し，適度な運動と定期的な健康診断，そして禁煙が比較的実行可能性が高く，負担も少ないアンチエイジングの方法と言える。表 11-1 は，国立がん研究センターがん予防・検診研究センターがまとめた「がんを防ぐための新 12 か条」[56] とも関連が深いため，**図 11-3** にその 12 か条を示す。

表 11-1 実行可能な科学的かつ安全で経済的なアンチエイジング方法

方　法	理由など
おなかが空いてから食べる	空腹時間は NPY が上昇している
できるだけゆっくりと少なめに食べる	満腹シグナルは遅れて伝わる
多種類の食品を摂る	偏食を避ける
食べる順番を考える	野菜，汁物，おかず，米などの順
ご飯やパンなど主食は少なめにする	血糖値の上昇を防ぐ
旬の食材を食べる	栄養価が高い場合が多い
適度な運動	軽く汗をかく程度でよい
定期的な健康診断	病気を未然に防ぐ
禁　煙	発ガンリスクを下げる

1. たばこは吸わない
2. 他人のたばこの煙をできるだけ避ける
3. お酒はほどほどに
4. バランスのとれた食生活を
5. 塩辛い食品は控えめに
6. 野菜や果物は不足にならないように
7. 適度に運動
8. 適切な体重維持
9. ウイルスや細菌の感染予防と治療
10. 定期的ながん検診を
11. 身体の異常に気がついたら，すぐに受診を
12. 正しいがん情報でがんを知ることから

図 11-3 がんを防ぐための新 12 か条[56]

コンビニエンスストアで100円当たり最も高カロリーな食品は何か

　三大栄養素であるタンパク質，糖質，脂質1g当たりのカロリーははそれぞれ4，4，9kcal（キロカロリー）である。したがって，脂肪分の多いものが高カロリーであることには違いない。しかし，100円当たりと限定すると少し状況が変わってくる。以下におもな食品の例を挙げた（**表11-2**）。オリーブオイルは直接食べることはないので例外とすると，製造コストが安く，100円で買える重量が重いことから食パンが最も高カロリーな食品であると考えられる。その分，効率的なエネルギー補給ができるとも言えるが，バターやジャムを塗って食べるとさらに高カロリーになるため注意が必要であろう。

表11-2 代表的な高カロリー食品の価格と100円当たりのカロリーの例

品　名	1品当たりのカロリー / 価格	100円当たりのカロリー
カップラーメン	600 kcal/190 円	315 kcal
フライドチキン	300 kcal/150 円	200 kcal
チョコレート	350 kcal/110 円	320 kcal
あんまん	350 kcal/110 円	320 kcal
メロンパン	400 kcal/120 円	330 kcal
食パン	960 kcal/160 円	600 kcal
オリーブオイル	9 000 kcal/500 円	1 800 kcal

第12章
栄養素の代謝と吸収

　タンパク質，糖質，脂質は三大栄養素と呼ばれ，これにビタミン，ミネラルを加えたものが五大栄養素である。食品の機能性には，一次機能として五大栄養素の機能がある。この栄養素としての機能性は，車が動くしくみや構造に例えられる。糖質，脂質は車を動かすための燃料であるガソリンに例えられ，エネルギー源になる。タンパク質は車のボディに相当し，体の骨格や組織，細胞などの形作りを支える。ビタミン，ミネラルはエンジンなどの各パーツの動きを良くするオイルの役割を担い，われわれの体を正常に動かすために必要な酵素の働きを助ける役割などがある。また，栄養素ではないが，食物繊維は，おなかの調子を整え便通を良くする役割などがあり，われわれの体には必要なものになっている。本章では，三大栄養素がどのように代謝され吸収されるかについて説明する。

▶ 12.1　代謝のあらまし ◀

　タンパク質，糖質，脂質はすい液などに含まれるさまざまな酵素によって，それぞれの構成要素である**アミノ酸**，**単糖**，**脂肪酸**とグリセロールに分解された後，小腸上皮細胞で吸収され，門脈を通って肝臓に運ばれる。このうち長鎖脂肪酸はリンパ管に入り，左鎖骨下静脈から血管に入っていく（**図12-1**）。したがって，サプリメントなどを摂取する場合，その成分の消化・吸収がどのように行われるかについて意識する必要がある。例えばコラーゲンはタンパク質であり，口からそのまま摂取した場合はアミノ酸にまで分解されてからでないと吸収されない。

　バリン，ロイシン，イソロイシンは**分岐鎖アミノ酸**（BCAA；branched-

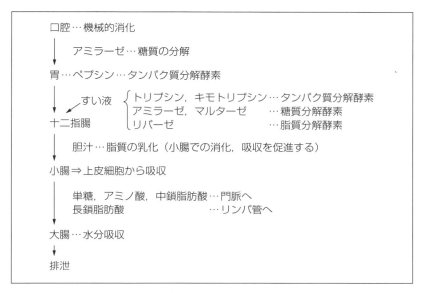

図12-1 三大栄養素の代謝と吸収のしくみ

chain amino acids）と呼ばれるアミノ酸である。BCAAは大豆やチーズ，マグロの赤身などに多く含まれている。BCAAは筋肉を構成している必須アミノ酸の約40％を占め，筋肉のタンパク質分解を抑制するとされている。筋肉を動かす際にエネルギー源となることから，運動時に摂取するとよいと考えられている。さらにBCAAをマウスに摂取させると寿命が延長したという報告がある。

魚の油に含まれるDHAやEPAは，脂肪酸であることから，分解されずに効率良く吸収されるものと思われる。グルコサミンは単糖類であるためそのまま吸収されるが，ヒアルロン酸やコンドロイチン硫酸は多糖類であるため，吸収されるためには酵素による分解が必要である。

▶ 12.2 代謝とエネルギー産生 ◀

アミノ酸，単糖，脂肪酸にまで分解され吸収された栄養素は，さらにさまざまな反応や中間体を経てアセチルCoAというATPを合成する原材料としても

使われる。この過程は細胞内小器官のミトコンドリア内で行われている。この過程で副産物として活性酸素が生じる場合がある。アセチルCoAはまた，脂肪酸やケトン体，コレステロールの合成にも使われる（**図12-2**）。

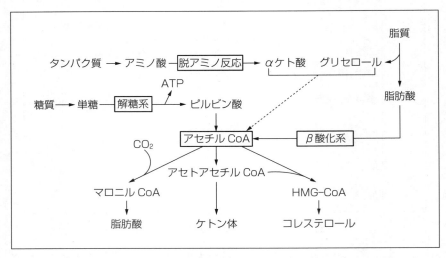

図12-2 アセチルCoAを介した代謝経路

　糖質（グルコース）は細胞内に取り込まれると解糖によってピルビン酸が生じる。ピルビン酸からアセチルCoAが合成され，ミトコンドリアにあるクエン酸回路と呼ばれる反応系において代謝され，水と二酸化炭素が生じる。クエン酸回路で生じたNADHなどの電子供与体と呼ばれる物質が，電子伝達系で消費され，ATPが産生される。電子伝達系においてH$^+$は酸素と反応して水が生成する（**図12-3**）。

　筋肉に乳酸がたまることが筋肉痛の原因になると言われるが，これはピルビン酸からアセチルCoAへの変換が進まないために，乳酸が細胞内に蓄積することによるものである。したがって，運動の際は呼吸により酸素を十分に取り入れていないとこの代謝が進まず，細胞内に乳酸が蓄積して筋肉痛を生じる原因となる。また，有酸素運動は脂肪が分解されて生じた脂肪酸を燃焼してエネルギーを得ることから，無酸素運動よりも減量効果が期待できる。この脂肪酸

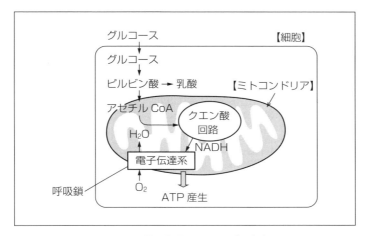

図 12-3 糖の解糖とエネルギー産生

の燃焼もミトコンドリアで行われ，β 酸化系と呼ばれる。

▶ 12.3 食品の機能性 ◀

　食品の機能性として，タンパク質，糖質，脂質，ビタミン，ミネラルの栄養素としての機能が一次機能であることは述べた。二次機能としては嗜好性があり，例えば暑い夏にアイスクリームが食べたい，あるいは寒い冬は温かい鍋が食べたいといったことが嗜好性である。食品の機能として三次機能が最近注目されており，それは食品による生体調節機能である。食品，または飲料として，例えば血糖値の上昇を抑えるような機能を持つことを謳ったものが販売されており，それらの中には**特定保健用食品（トクホ）**として認可されているものもある。

　表 12-1 に食品の機能性表示制度について記載した。ビタミンやミネラルは栄養機能食品として栄養成分の機能表示が認められている。ビタミンやミネラルは大量に摂取することが健康に良いわけではないが，不足すると特定の欠乏症を発症する場合がある。**表 12-2** にビタミンの作用と欠乏症についてまとめ

表 12-1 食品の機能性表示制度 [57]

食品			医薬品
【保健機能食品】《健康食品》【特別用途食品】【栄養機能食品】栄養成分の機能の表示ができる（例）カルシウムは骨や歯の形成に必要な栄養素です。ビタミン・ミネラル	【特定保健用食品】保健の機能の表示ができる（例）おなかの調子を整えます。食物繊維・オリゴ糖ほか	病者用乳児用ほか	医療用医薬品一般用医薬品
			医薬部外品

- 「特定保健用食品」には，その摂取により当該保健の目的が期待できる旨の表示をすることができる。
- 「栄養機能食品」には，栄養成分の機能の表示をすることができる。
- 「特定保健用食品」および「栄養機能食品」を「保健機能食品」という。

表 12-2 ビタミンの作用と欠乏症

	ビタミン	作用	欠乏症
脂溶性ビタミン	A（レチノール）	ロドプシンの生成材料	夜盲症
	D（カルシフェロール）	カルシウムとリンの吸収促進	小児：くる病成人：骨軟化症
	E（トコフェロール）	抗酸化作用	不明
	K（フィロキノン）	プロトロンビンの生合成に必要	出血傾向血液凝固性低下
水溶性ビタミン	B_1（チアミン）	糖代謝の補酵素	かっけ視神経炎
	B_2（リボフラビン）	フラビン酵素の構成成分	口角炎口唇炎
	B_3（ナイアシン）	脱水素酵素の補酵素	ペラグラ（皮膚炎，下痢を伴う）
	B_6（ピリドキシン）	中枢神経系の働きに必要	小児：けいれん
	B_{12}（コバラミン）	抗貧血作用	貧血

た。特別用途食品は，糖尿病患者など病気を持つ者や乳児向けに表示が認められた食品である。特定保健用食品は，保健（健康を保つ）機能を表示可能としたものである。平成27年度からは，さらに別途，食品の機能性表示が認めら

れるようになった。これらはあくまで食品であり，特定の疾患を治療するものではない。

▶ 12.4　糖質代謝と食物繊維 ◀

多糖は，だ液や，すい液に含まれるアミラーゼなどの分解酵素によって分解される。トクホの成分として利用される食物繊維である難消化性デキストリンは，アミラーゼで分解されにくいものを指す。難消化性デキストリンにはおもに五つの作用が知られている（**図 12-4**）。トクホの中には脂肪と糖に作用することを謳ったものもあるが，その機能性成分の実態はこの難消化性デキストリンである場合が多い。

- 糖の吸収速度を抑える
- 脂肪の吸収速度を抑える
- 整腸作用
- 内臓脂肪の低減作用
- ミネラルの吸収促進作用

図 12-4　難消化性デキストリンの五つの作用

生体における栄養素代謝とサプリメント

膝の関節に存在する半月板や軟骨がすり減ることによって，変形性膝関節症と呼ばれる関節の障害を発症する。半月板は激しいスポーツなどによっても損傷を受ける場合があり，一度損傷した半月板は再生することはない。損傷部位が，周辺の組織などを刺激して炎症を引き起こすことにより痛みを伴い，歩行が困難になる場合がある。

半月板や軟骨は，プロテオグリカンと呼ばれるタンパク質とグリコサミノグリカンが結合した細胞外基質成分である。グリコサミノグリカンは多糖であり，単糖が結合してできた高分子である。ヒアルロン酸やコンドロイチン硫酸はグリコサミノグリカンの一種であり，皮膚にはヒアルロン酸などが多く，軟骨にはコンドロイチン硫酸などが多く存在する。例えば，サメ軟骨などから抽出されたヒアルロン酸やコンドロイチン硫酸を口からサプリメントとして摂取しても，大部分は代謝により単糖にまで分解されてから吸収されるため，皮膚や軟骨に直接的に良い影響が出るとは考えにくい。

同様に，コラーゲンはタンパク質であるためアミノ酸に分解されてから吸収される。肌のハリや保湿効果を期待してほかの生物由来のコラーゲンのサプリメントを口から摂取することも，科学的にはその効果はほとんど期待できない。これらは，例えば薄毛の人が髪の毛が生えてくることを期待して，馬や豚の毛を食べる行為を行うようなものに似ている。ただし，偽薬効果（プラセボ効果）と呼ばれる，実際にはまったく薬効成分を含まない薬が処方されたとしても，それが信頼している医師からの処方などであれば，心理的な効果によって身体に良い影響が出ることは知られている。

第3部 人間科学のための病理学

第13章

疾病の成り立ち

　病理学的に見た疾病のカテゴリーから，疾病は，奇形，退行性病変，進行性病変，炎症，循環障害，腫瘍のいずれかに分類される。また，疾病の原因（病因）は，体の中にある内因と，環境などによる外因とに分けられる。本章では，そのような疾病の分類と，病因について説明する。

▶ 13.1　疾病のカテゴリー ◀

　カテゴリーとは日本語で範疇，あるいは分類を意味する。病理学的に疾病をカテゴリー分けすると**表13-1**で示したいずれかに分類される。例えば奇形とは個体発生のエラーであり，退行性病変は細胞の数的な減少などである。一方，進行性病変は細胞の数の増加などによって引き起こされる疾患である。炎症は，免疫反応などが含まれ，感染などによって引き起こされる。循環障害は体液，血液，リンパ液の分布の異常で引き起こされ，腫瘍は細胞の自律的増殖によって生じる。

表13-1　疾病のカテゴリーとおもな臓器における疾患

	心臓	脳	前立腺
奇　形	心奇形		
退行性病変		脳萎縮	
進行性病変			前立腺肥大
炎　症		脳炎	
循環障害	心筋梗塞		
腫　瘍		脳腫瘍	前立腺ガン

表13-1に示した心臓，脳，前立腺についての一部の疾患（空欄にあてはまる疾患も存在する）を見てみると，心臓の奇形は心奇形であり，心臓に生じた循環障害である梗塞は心筋梗塞である．脳であれば，退行性病変である萎縮が起これば脳萎縮，感染による炎症が起これば脳炎，脳に発生した腫瘍は脳腫瘍と分類される．前立腺であれば，進行性病変として腺組織が肥大すると前立腺肥大，悪性腫瘍が発生すると前立腺ガンと呼ばれることになる．

▶ 13.2 病理学から見た生体の反応 ◀

表13-2に，病理学から見た生体の反応による病変の分類をまとめた．

表13-2 病理学から見た生体の反応による病変の分類

病　変	生体の反応
奇　形	個体発生，個体複製の異常．
退行性病変	細胞や組織が傷害されて生じる．物質の代謝に障害があると代謝異常を引き起こす．萎縮などが含まれる．
進行性病変	負荷の増大に応答して起こることが多く，肥大や，過形成などが含まれる．
炎　症	感染や物理的および化学的傷害に対し，それを排除し修復するように働く反応．本来は生体防御的な反応であるが，炎症自体が組織を傷害することがある．
循環障害	血行やリンパ循環の異常により起こる障害で，梗塞や，出血などが含まれる．
腫　瘍	細胞の過剰な増殖で，細胞の増殖と死の制御異常として発現する．良性腫瘍と悪性腫瘍がある．

〔1〕奇　　形

胎児の発生段階において放射線やウイルスなどの影響で，個体発生に異常が生じることなどに起因するが，その原因は不明のものが多い．

〔2〕退 行 性 病 変

細胞や組織が傷害されて生じる．物質の代謝に障害があると代謝異常を引き起こし，代謝が行われなかった物質が細胞の内や外に沈着することがある．アルツハイマー病などの神経変性疾患もこの病変に分類される．

13.2 病理学から見た生体の反応

〔3〕進行性病変

組織，細胞に対する負荷の増大に応答して起こることが多い。高血圧などで心臓に長期間負担が掛かっている状況においては，代償的に心臓のポンプ機能を高めて，全身に血液を送ろうとする働きが亢進する。その結果として，心臓の筋肉が肥大することが心筋肥大であり，おもに左心室に見られる。左心室の空間が心筋肥大によって狭くなり，十分に全身に血液量を供給できなくなると，やがては生命を脅かす状態になる場合がある。このような心機能の低下状態を心不全と言う。

〔4〕炎　　症

感染や物理的および化学的な傷害に対し，それを排除し修復するように働く反応である。本来は生体防御機能であり，体を守る反応であるが，炎症自体が組織を傷害することもある。例えば病原体，細菌が侵入した際，その細菌を攻撃する反応によって生じた殺菌作用を持つ物質が，病原体の周囲の細胞，組織にも同時に傷害を与える場合がある。その結果，組織が炎症を起こし赤く腫れるなどの症状が現れる。

〔5〕循環障害

血行やリンパ循環の異常により起こる障害である。梗塞とは血管が詰まることによって，その血管に栄養などを支配されていた組織の細胞が，壊死を起こすことを言う。脳梗塞や心筋梗塞で壊死を起こした場合，基本的にはそれらの細胞は再生されないため，後遺症などが残る場合や，死亡する場合がある。

〔6〕腫　　瘍

自律的な細胞の過剰増殖によって形成される。そのような異常な増殖を始めた細胞に対して，それを阻止するシステム，および細胞死を誘導するシステムが存在するが，その制御機構がうまく機能しないと腫瘍細胞が増殖することになる。良性腫瘍と悪性腫瘍の大きな違いの一つは転移するかしないかという点である。良性腫瘍は転移せず，発生した場所で膨張するように大きくなる。悪性腫瘍はその場所で増え，さらに大きくなると同時に周りの組織を破壊しながら血管などに侵入して移動し，ほかの臓器，組織に転移していく。脳腫瘍は，

良性腫瘍も多いが，頭蓋骨内で腫瘍が大きくなると結果として脳が圧迫され，生命維持機能に支障をきたす。また手術が困難な場合もあり，脳腫瘍は良性腫瘍であっても身体への影響は大きく予後不良の場合がある。

▶ 13.3 病因とは何か ◀

病因とは，病気の原因，病気の始まりの条件付けを行う作用因子であり，内因と外因に分けられる。内因と外因の相互関係で病気が発生するが，その比重は疾患により異なる。

〔1〕 病気の内因

内因は，生体側にあって病気を引き起こす原因であり，素因とも呼ばれる。一般的な素因として，年齢，人種，性別などがあり，多くのガンは50歳代から60歳代以上で発症する。しかし，子宮頸ガンのように，比較的若い女性に発生するガンもある。人種によって発症率に差のある病気としては，以前は日本人には胃ガンが多く見られ，欧米人では大腸ガンが多く見られたことが挙げられる。人種による遺伝子の違い（遺伝的素因）により病気に対する罹りやすさも異なっている。近年は，日本では胃ガンは減少傾向にあり，大腸ガンが増加している。この原因としては，食生活の影響が大きいとも考えられる。また，男性か女性かといった性別によっても病気の発症に差が見られる場合がある。膠原病や免疫系の異常は比較的女性のほうが多い。乳ガンの発症は女性に特有と思われるかもしれないが，乳ガン患者の約150人に1人は男性である。

個人的な素因として，生まれる前から持っている先天的素因と，生まれた後に獲得された後天的素因とがある。先天的素因では，SNPに代表される遺伝子多型，つまり遺伝子のわずかな違いによって，ガンや，アルツハイマー病に罹りやすくなる場合がある。通常の単一遺伝性疾患では，遺伝子の異常と病気の発症が直接関連している。しかし，遺伝子多型が疾患の発症に関与する場合は，複数の遺伝的素因と，ほかの要因との組合せによって，その病気の罹りやすさが決定される。糖尿病や高血圧症も多くの因子によって発症が左右される

疾患（多因子性疾患）として捉えることができる。後天的素因としては，免疫異常などがある。免疫異常の原因については不明な部分も多いが，リウマチなどは高齢者の発症頻度が高く，生活環境とも関連している可能性がある。

〔2〕 病気の外因

　生体の外部から作用して病気を引き起こす原因を外因という。物理的な因子として，気圧，温度，紫外線，放射線などがある。放射線など，強いエネルギーを持つ電磁波を体に浴びると，細胞，特にDNAが傷害される。その結果，突然変異を起こし，ガンなどを発症する危険が高くなる。化学的因子としては，ダイオキシンなどの発ガン性の化学物質が挙げられる。生物学的因子は，ウイルス，細菌，真菌，原虫，寄生虫などが挙げられる。病原体の侵入部位やそれによって引き起こされる炎症反応により，命に関わる場合がある。文明的環境因子として，大気汚染，粉じんなどがあり，近年 $PM_{2.5}$ と呼ばれる微粒子による健康影響が懸念されている。発ガン性の高いアスベスト（石綿）は，建築資材として使用されていた時期があり，肺の奥に侵入すると悪性中皮腫や肺ガンを引き起こす可能性がある。また，医原病と呼ばれる医療行為が原因となって引き起こされる病気もある。例えば，止血剤として使われた血液製剤に肝炎ウイルスが混入しており，出産時に大量出血した場合などにこの製剤による処置を受けた患者が後に肝炎を発症した事例が報告されている。肝炎ウイルスに感染すると，長い潜伏期間を経て肝炎を引き起こし，炎症が進行して肝硬変に移行する。その後，肝硬変がさらに肝ガンに移行する場合がある。

▶ 13.4　内因と外因の組合せによる疾病の発症 ◀

　多くの病気は内因と外因のいずれか一方のみの病因で発症するわけではなく，それらが組み合わされて疾病を発症するかが決まる（**図13-1**）。単一遺伝子の変異による遺伝性疾患であれば，基本的にその異常な遺伝子を持って生まれた場合に病気を発症するが，外因によって発症時期や進行の度合い，重症度が異なる場合がある。免疫不全も多くは遺伝子の異常と考えられているが，発

13. 疾病の成り立ち

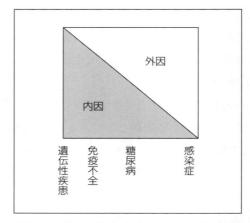

図 13-1 内因と外因の組合せによる疾病の発症

症にはアレルギー物質との接触などの外因も関連する。糖尿病や高血圧症は，遺伝的素因である内因と食事や運動習慣などの外因が組み合わされて発症するかが決まる場合が多い。感染症や骨折は，基本的には病原体が外から侵入する場合や，転倒して骨折するという場合であり外因に依存している。しかし，感染に対する防御力が強いか弱いか，あるいは骨の強度に関わる骨密度が高いか低いかについても，ある程度は遺伝子で規定されている。つまり，人間の体に発生する病気はほとんどすべて何らかの形で遺伝子，すなわち内因が関与していると言える。

遺伝子による寿命の決定

　一卵性および二卵性の双子を対象として，寿命が遺伝子によってどの程度規定されているか調査する研究が行われた。その結果，寿命に対する遺伝の寄与率を見るとおよそ 25 〜 30％であるとされた。一卵性の双子は，基本的に同一の遺伝子配列を持っている。二卵性の双子の場合は，通常の兄弟姉妹と同じ程度の遺伝子の違いを持っている。一卵性の双子の寿命と二卵性の双子の寿命を追跡調査した結果，一卵性の双子のほうが寿命の違いが少ないことが明らかとなった。例えば一卵性の双子の兄が 80 歳で亡くなると，弟も 79 歳や 81 歳で亡くなる場合が多い。二卵性の双子の場合は，兄が 80 歳まで生きても，弟は 70 歳で死亡する場合が多いなどの結果が得られた。遺伝子による寿命の決定が，25 〜 30％という数字を高いと見るか，低いと見るかは解釈する人によるだろう。この研究から，現在わかっている確実な長寿の秘訣は，親兄弟が長生きであるということも言える。しかし，70 〜 75％は環境，外因によって規定されていることになる。したがって，運動習慣や食生活など，生活習慣を最適化することによって，天寿を全うできる可能性がある。

　実験に使われる動物は近交系と呼ばれ，例えばマウスは，兄妹交配と呼ばれる兄妹間での交配を実施して子孫を増やした動物が使用される。実験動物では親も子も，基本的には遺伝子の配列はほとんど同一となる。つまり，ヒトでの一卵性の双子に近い，遺伝子配列が揃えられた集団で動物実験が行われる。さらに，飼育環境の温度や湿度，餌なども一定にしてさまざまな実験が行われる。しかしながら，このような状況のマウスでも，集団の中では寿命のばらつきが必ず出てくる。長く生きるマウスもいれば，短命のマウスもいる。このことからも，老化の複雑さや研究の難しさが伺える。

　寿命と違い，外見や内面の老化速度に対する遺伝の寄与率はまだわかっていない。実年齢よりも若く見える人もいれば，老けて見える人もいる。この問題に対する研究も，現在さまざまな角度から行われている。

第 14 章
細胞傷害と細胞の応答

　細胞の傷害には，細胞死を伴う不可逆的な傷害と細胞死を伴わない可逆的な傷害がある。細胞死には壊死とアポトーシスの二つの形態があり，可逆的な変化には，適応や肥大，過形成，萎縮，低形成，化生，再生などの細胞応答がある。傷害に対して細胞がどのような応答を示すかは，細胞に加えられた傷害やストレスの大きさに依存している。本章では，細胞の傷害に対する応答とそのメカニズム，および細胞死について説明する。

▶ 14.1　細胞傷害の要因 ◀

　細胞傷害の原因は，病気の原因と同様に物理的，化学的，生物学的，遺伝的なものなどさまざまである。大気汚染物質である $PM_{2.5}$ やアスベスト，炭粉など，粒子の直径が小さい物質は呼吸によって吸い込まれると気管支や肺の奥深くまで到達する。これらの物質が呼吸器系に侵入した場合，細胞が処理する手段がない場合，長期間その場所にとどまることで周囲の細胞を傷害する。農薬をはじめとするさまざまな化学物質や，ウイルスなどの病原性微生物，遺伝的な酵素の欠損などでも細胞傷害は引き起こされる。このような細胞に傷害を与える変化が加わると，細胞質や細胞核に変化が生じ，異常封入体と呼ばれる構造物が顕微鏡下で観察されるようになる。異常封入体は，体外から侵入したアスベストなどによる外来性封入体と，体内にあった物質が病的に沈着した場合の色素沈着や脂肪沈着など，内因性封入体が存在する。

14.2 異常封入体とその形態

外来性封入体は,体の外から体内に侵入し,細胞に傷害を与える。アスベストは,直径 0.1 μm 程度(ウイルスの直径と同程度)と,非常に小さく,呼吸を通じて吸い込むことによって肺に傷害が生じる。$PM_{2.5}$ は,大気中に浮遊する粒子径が 2.5 μm 以下の粒子状物質のことであり,アスベストと同様に健康影響が懸念されている。内因性封入体である脂肪沈着は,脂質代謝に重要な肝臓で見られることが多く,脂肪肝の発症に繋がる。肝臓への脂肪沈着の原因としては,アルコール性,薬剤性,脂肪分の高い食事の摂取などがある。肝臓の代謝機能がアルコールや薬剤の処理のために使われ,脂肪の代謝に影響が出る場合に脂肪沈着が見られる。また,山や海で遭難した場合など,長期間の絶食状態に置かれた際にも,肝臓の細胞のタンパク質や糖質を分解してエネルギー源とするため,結果的に脂肪が残り,脂肪肝の組織像を示す場合がある。また,脂質分解に関与するリソソーム酵素の欠損による先天性代謝障害を原因とする脂肪沈着も見られる。

脂肪変性を起こした肝臓は肉眼では黄色く変色している状態が観察され,組織標本の顕微鏡観察においては,脂肪滴と呼ばれる細胞中の脂質成分が空洞として観察される。これは標本作製の際に脂溶性の成分が抜け落ちるためである。

14.3 細胞傷害による細胞の形態変化

細胞傷害による細胞の形態変化はさまざまな形で現れる。その中で細胞質における変化として,小胞体,ゴルジ体,ミトコンドリアのサイズの増大や,グリコーゲン,脂肪などの蓄積がある。また,グリコーゲン,脂肪の分解亢進によって細胞のサイズが減少する場合もある。

細胞傷害に伴う細胞核の構造変化としては,異物が体内に侵入した場合などで見られる,細胞が融合して生じた多数の細胞核を持つ細胞がある。この場

合，一つの細胞の中に核が多数見られ，多核化と呼ばれる形態を示す多核巨細胞を形成する。またウイルス感染などの際には細胞の核内に現れる核内封入体が見られ，ガン細胞においては核小体の構造に変化が見られることがある。

組織損傷の修復の際には肉芽組織と呼ばれる組織が形成される。肉芽組織とは，炎症細胞と呼ばれる組織の炎症の際にその部位に集ぞくしてくる細胞に加え，毛細血管と線維芽細胞（コラーゲンなどの線維性タンパク質を産生する細胞）を含む特徴的な組織である。損傷が軽度な場合は，最終的に周りの細胞に吸収され，傷害前の組織と同様に修復されるが，損傷の程度が大きい場合は瘢痕を残す。肺炎から回復する際に，肺胞と呼ばれる組織において肉芽組織の形成が見られる場合がある。異物に対する反応形態について**表14-1**にまとめた。

表14-1　異物に対する反応形態

分 類	反応形態
異物巨細胞の出現	多核巨細胞による異物の取込み。
吸収，貪食	液状の異物は吸収され排除される。異物が小さい場合は食細胞による貪食が行われて処理される。
被 包	線維性の被膜による異物の取込み。
瘢痕化，器質化	肉芽組織による置換え。

▶ 14.4　細胞傷害の原因と酸素の役割 ◀

呼吸による酸素の取込みは生命活動に必須であるが，活性酸素種を発生させる原因ともなり，細胞膜の脂質や細胞内のタンパク質あるいはDNAに傷害を与える場合がある。一方で，血管の病変などによって血流が阻害され，低酸素状態に陥ったり，血流が途絶えた状態である虚血に陥ると，それらの血管に栄養素などの運搬を依存していた細胞への酸素の供給が不足する場合がある。この栄養素不足や酸素不足によって細胞が傷害される。そのほか，内因性因子として免疫反応や遺伝子異常，外因性因子として物理的因子，化学的因子，生物学的因子，栄養学的因子が細胞傷害に関与する。細胞機能のうち，傷害に対

表14-2 傷害に対して脆弱な細胞機能

標 的	影響を受ける細胞機能
細胞膜	細胞膜は細胞内のイオン濃度の維持や浸透圧の維持に重要であるため，膜構造の破綻は細胞機能に重大な影響を与える。
ミトコンドリアの呼吸鎖（ATP産生）	ミトコンドリア機能の傷害は細胞のエネルギー産生に影響を与えるとともに，糖や脂質の代謝に影響を与えるため，細胞機能に重大な影響を与える。
タンパク質合成	多くのタンパク質は代謝によりつねに新しく合成されているが，それらの供給不足によって細胞機能に影響が生じる。
遺伝子複製の制御	遺伝子複製の際に生じたエラーは修復されなければガンの発症などに繋がる。そのため重大な複製エラーが生じた場合は，細胞増殖の停止や細胞死を誘導するメカニズムが存在するが，その制御に影響が生じる。

して脆弱な四つの細胞機能を**表14-2**にまとめた。

▶ 14.5 不可逆的変化と細胞死 ◀

不可逆的変化である細胞死における形態的変化として，細胞の膜構造の破綻がある。加水分解酵素を含むリソソームが崩壊した場合は，細胞内のタンパク質成分などが高度に融解することになる。細胞膜の構造が破壊された場合は，分解酵素は細胞外にも漏れ出し，周囲の細胞に影響を与える。また，細胞核は濃縮し，染色性が高くなり，最終的に崩壊や分解をきたす。低酸素やウイルス感染，毒素などにより生じた細胞傷害の最終形態として不可逆的な細胞死が存在する。胚発生や，正常細胞のターンオーバー，リンパ球の成熟過程などのように，生理学的に本来備わっている積極的な細胞死も存在する。

▶ 14.6 壊死とアポトーシス ◀

壊死（necrosis）は，虚血や代謝異常などによって発生する病的な細胞死であり，組織あるいは細胞が塊として死んでいき，周辺の組織にも影響が及ぶ。一方，**アポトーシス**（apoptosis）は，生理的成長の制御などにおける細胞死

であり、集団では起こらず、個々の細胞単位で細胞死が起こる。壊死が周りの組織、細胞にも影響があるのに対し、アポトーシスを起こした細胞は、膜構造は維持され、おもに単独で起こることから、周囲の組織、細胞への影響が見られない。アポトーシスを起こした細胞は近接する細胞などによって貪食される。

▶ 14.7 壊死の種類とその形態変化 ◀

壊死にはいくつかの形態が存在し、組織のタンパク質含量などの組成の違いなど、壊死を起こした臓器、組織に特徴的な変化を示す。以下に代表的な壊死の分類と形態変化について示した。

〔1〕 凝 固 壊 死

心筋梗塞や腎梗塞など、タンパク質の多い組織における壊死像として見られる。死細胞が凝固する形で組織の輪郭が残るが、細胞核は消失している。肺結核の際に見られる乾酪壊死も凝固壊死の一つである。乾酪壊死を起こした組織には、結核菌を貪食するために集まった細胞から形成されたラングハンス型巨細胞と呼ばれる細胞が観察され、乾酪壊死像の特徴の一つとなっている。

〔2〕 融 解 壊 死

脳は脂肪が多い臓器であり、脳梗塞を起こした場合は組織の融解が著しい融解壊死を起こす。その後は、リソソーム酵素による組織の破壊が高度になり、脳軟化症と呼ばれる脳の融解現象を引き起こす。

〔3〕 脂 肪 壊 死

腸管やすい臓などで起こる壊死である。鹸化と呼ばれる、脂肪酸とカルシウムなどが結合する化学反応による組織変化が特徴である。

〔4〕 壊 疽

壊死を起こした組織が、腐敗菌の感染により二次的に融解を起こした場合や、ガスを発生したものを壊疽と呼ぶ。糖尿病の合併症で見られる下肢の壊疽などが代表的である。

▶ 14.8　アポトーシスとその形態変化 ◀

　アポトーシスとは，細胞自らの厳密な遺伝子の制御により誘導される細胞死のことでプログラム細胞死とも呼ばれる。生理的な環境下などで不必要な細胞を除去する目的などで起こる。**図 14-1** にアポトーシスが誘導される例を示す。

- 胎児の発生
- 正常臓器の細胞回転
- ホルモン，成長因子の減少や枯渇
- 弱いストレスによる傷害
- 免疫細胞によって誘導される細胞死
- ウイルス感染による細胞死
- 炎症
- 老化

図 14-1　アポトーシスが誘導される例

　アポトーシスを起こした細胞は，細胞の接着部位などの表面構造の消失を起こし，周囲の生存可能な細胞から離れて孤立するようになる。その後，細胞容積の減少やクロマチンの凝集を引き起こす。凝集したクロマチンは**ヌクレアーゼ**（nuclease）と呼ばれる分解酵素の働きによって DNA が断片化される。膜構造を維持したアポトーシス小体と呼ばれる構造単位に分断され，最終的に周囲の細胞に貪食される。

▶ 14.9　アポトーシスのメカニズム ◀

　アポトーシスは，開始，制御，実行の三段階でその細胞死の進行が調節されている。アポトーシスを引き起こす分子の一つとして Fas と呼ばれる細胞表面の受容体が知られており，その受容体に結合する Fas リガンドと呼ばれる分子

が存在する。このリガンドと受容体とが結合すると，それが引き金となってアポトーシスが進行する。Fas を介したシグナル系以外にも，成長因子や栄養因子が除去された場合や，あるいは放射線などによって DNA に高度な傷害が生じた場合に，アポトーシスを進めるか否かの判断を行う細胞のメカニズムが存在する。

傷害などが軽度で修復可能であれば，細胞死を起こさずに修復したほうが良いが，高度な傷害により DNA に変異が入り，発ガンのリスクなどが上昇する可能性がある場合には，その細胞を排除する必要がある。そのような発ガン防止機構としてもアポトーシスは機能しており，p53 タンパク質などが関与している。

細胞死が実行される際には，**カスパーゼ**（caspase）と呼ばれる分解酵素や，ヌクレアーゼの働きが活性化される。その後，アポトーシス小体は貪食によって除去され，マクロファージや周囲の細胞に認識されるための目印として，細胞膜でのフォスファチジルセリンの発現を行う。細胞膜はアポトーシスの過程の最後まで傷害されず保たれ，周囲に炎症反応は認められない。アポトーシスの減少は，ガン細胞の増殖を促進する場合がある。一方で，アルツハイマー病やパーキンソン病などの神経変性疾患において神経細胞死が進むことと，アポトーシスの亢進が関連していると考えられている。

▶ 14.10　細胞傷害に対する適応 ◀

細胞傷害による細胞の適応として以下のような形態変化が見られる。

〔1〕　リソソームの発達

リソソーム内には，貪食した物質の消化に必要な加水分解酵素が含まれている。消化できない物質は細胞内にリポフスチン顆粒として観察される。リポフスチン顆粒は老化した心筋細胞の細胞内などにも見られる。

〔2〕　ミトコンドリアの変化

ミトコンドリアの数的増加または減少が見られる。また，巨大なミトコンド

リアなど異常な形態を示すミトコンドリアの出現が見られる。

〔3〕 **細胞骨格の異常**

細胞の骨格を維持しているタンパク質に異常が生じると，細胞の遊走や貪食能，細胞内での物質輸送などに必要な足場の維持，外からの力に対する抵抗性などに異常が現れる。その結果として，細胞機能の傷害や，細胞内へのタンパク質の蓄積などが見られる。

▶ 14.11 肥大の分類と原因 ◀

組織や臓器が，本来の構造を保ったまま数が増えた状態（過形成）や，大きさが増大した状態を肥大と呼ぶ。肥大の分類とその原因および代表例を**表 14-3**に示した。

表 14-3 肥大の分類とその原因および代表例

分 類	原 因	代表例
作業性肥大	組織や細胞が正常以上の働きをするために起きる。	運動選手の心臓や骨格筋，高血圧症患者の心筋などに見られる肥大。
代償性肥大	左右一対ずつある臓器で，片方の臓器の機能が失われた場合に，もう一方の臓器がその働きを代償して仕事量が増えるために起きる。	腎臓の片方が摘出や機能低下に陥った場合，もう一方の腎臓に見られる肥大。
仮性肥大	細胞は減少しているにも関わらず，脂肪細胞などほかの成分が入り込むことによって一見肥大しているように見える。	進行性筋ジストロフィーの骨格筋などで見られる肥大。

▶ 14.12 萎縮の分類と原因 ◀

一度決まった大きさに発育・分化・成熟した臓器や組織，細胞の容積が，何らかの原因によって縮小することを萎縮という。細胞構成成分の減少により細胞が収縮すると，臓器単位でもサイズが減少する。また，細胞の容積ではなく

数が減少する場合もある。細胞容積の減少を単純萎縮，細胞数の減少を数的萎縮と呼ぶ場合もある。メカニズムの詳細はよく解明されていないが，タンパク質の合成と分解の不均衡などが関与していると考えられている。萎縮した組織は脂肪組織に置換されることがある。これに対して最初から臓器や組織が正常な大きさに達しない場合は低形成と呼び，多くの場合，先天奇形に伴って見られる。萎縮の分類とその原因および代表例を**表 14-4** に示した。

表 14-4 萎縮の分類とその原因および代表例

分　類	原　因	代表例
廃用性（無為）萎縮	臓器や組織が長期間使われないときに見られる。	寝たきり患者の下肢やギプスで固定されていた四肢などに見られる萎縮。
中毒性萎縮	ホルモン剤の投与により，通常は体内でホルモンを産生している臓器がその産生を抑制されるために起こる。	ステロイド薬を長期間投与された副腎などに見られる萎縮（急に薬剤の投与を中止すると重篤な機能低下症状が起きる場合がある）。
圧迫萎縮	機械的な圧迫が長時間持続して加わったときに起こる萎縮。圧迫による血液循環の障害がおもな原因である。	尿管の閉塞による腎臓の萎縮。長期間の臥床により仙骨部や踵部，肩甲骨部などに皮膚の潰瘍が起こり，二次的に細菌感染が起こった場合は褥瘡と呼ばれる萎縮病変を示す。

萎縮は表 14-4 に示したもの以外にも，神経支配の消失（筋萎縮性側索硬化症などの神経変性疾患による筋肉の萎縮など），血液供給の減少（脳への血流減少に伴う脳萎縮など），栄養障害（栄養失調による骨格筋の萎縮など），内分泌刺激の消失（プロラクチンの減少による乳腺の萎縮など），さらに老化による萎縮（さまざまな臓器に見られるがおもに脳の萎縮）などがある。

萎縮は，臓器あるいは細胞のサイズが減少することであるが，細胞がアポトーシスを起こし，数を減少させることにより生理的な臓器の萎縮を起こす場合もあり，これを退縮と呼ぶ場合がある。思春期における胸腺の退縮はその代表的なものである。**表 14-5** に生理的および病的萎縮と退縮の代表例について挙げた。

表 14-5 生理的および病的萎縮と退縮の代表例

分 類	代表例
生理的萎縮	閉経後の子宮の萎縮など。
病的萎縮	廃用性萎縮，中毒性萎縮，圧迫萎縮など。
退 縮	思春期における胸腺の退縮，老年期における性腺刺激の減少による精巣の退縮など。

▶ 14.13 化生と発ガン ◀

化生とは，分化成熟した組織，細胞が異なる形態，機能を持つほかの組織，細胞に変化する現象のことである。慢性の炎症や，物理的，化学的な慢性刺激に対応して起こる再生増殖細胞の分化異常のことを言う。分化・成熟した細胞は，例えば外胚葉由来から内胚葉由来の組織，細胞に変化するなど胚葉を越えて化生を生じることはない。例として，腸上皮化生（胃における杯細胞の出現），扁平上皮化生（子宮頸部，気管支上皮などに見られる）がある。化生を起こした組織は発ガンの発生母地となる場合がある。

▶ 14.14 再生力と再生の種類 ◀

組織が何らかの原因で欠損したときに，以前と同じ組織で補充することを再生と呼ぶ。高度に分化した組織ほど再生力は弱く，また高齢になるほど再生力は低下する。例外もあるが，組織により再生力の強い組織と弱い組織，まったく再生しない組織がある。**表 14-6** に代表的な組織の再生力を，**表 14-7** に再生

表 14-6 代表的な組織の再生力

再生力の強さ	代表的な組織
再生力の強い組織	結合組織，血液，表皮，粘膜上皮，肝など。
再生力の弱い組織	腺上皮，骨格筋，平滑筋など。
再生しない組織	中枢神経，心筋など。

14. 細胞傷害と細胞の応答

表 14-7 再生の種類

分 類	形態変化	代表例
完全再生 (生理的再生)	完全に元の組織に戻る。	毛髪や爪, 表皮, 粘膜など。
不完全再生 (病的再生)	完全には元の組織に戻らない。	病気や組織の欠損に伴う再生など。
過剰再生	再生組織が過剰に再生される。	ケロイドなど。

の種類について示した。

▶ 14.15 ヘテロファジーとオートファジー ◀

ヘテロファジー (heterophagy：異家貪食) とは, 細胞が別の細胞の一部を貪食することを言う。アポトーシスを起こした細胞の断片などを貪食する場合がこれに相当する。また, 細胞の内部で異常な形態を示すミトコンドリアをリソソームと融合させて自己の細胞内で分解するメカニズムも存在している。この場合は, オートファジー (autophagy：自己貪食) と呼ばれ, 細胞の恒常性の維持や発ガン防止に重要な働きをしていることが知られている。

▶ 14.16 細胞傷害による代謝異常 ◀

細胞傷害により細胞の機能が低下すると細胞内での物質代謝に異常を生じることがある。それらはタンパク質, 糖質, 脂質, 色素, 無機質などの代謝異常である。タンパク質代謝異常の一つにアミロイド症がある。アミロイド症は, 通常は可溶性の機能性タンパク質が, 構造変換によって不溶性の細い線維構造をとることによって発症する。このような不溶性タンパク質が細胞の内外に沈着し, 細胞の機能障害や細胞死を誘導する。脳神経系における代表的なアミロイド症がアルツハイマー病であり, $A\beta$ と呼ばれるタンパク質が, 神経細胞の間隙に沈着することで神経細胞に傷害を与えると考えられている。

傷害を受けた神経細胞は神経原線維変化と呼ばれる形態変化を示す。このような神経細胞の傷害や形態変化と認知症との関連が示唆されている。糖質および糖質代謝異常は生活習慣病に関連するため15章で説明する。

> **慢性閉塞性肺疾患と肺炎**
>
> 　近年，わが国の男性の死因として肺炎，慢性閉塞性肺疾患（chronic obstructive pulmonary disease：COPD）が上位を占めるようになってきた。これら疾患の発症は，喫煙習慣との関連が示唆されている。COPDには肺気腫，慢性気管支炎などが含まれる。
>
> 　肺炎には，炎症の部位による分類がある。肺胞に炎症が見られる場合と，肺胞と肺胞の間の肺胞中隔と呼ばれる部位に炎症が見られる場合がある。前者は肺胞性肺炎と呼ばれ，細菌感染によるものが多い。後者は間質性肺炎と呼ばれ，比較的原因がはっきりしており，おもにウイルス感染や，高齢者に多い誤嚥性肺炎が該当する。誤嚥性肺炎は，食べ物を飲み込むという嚥下反射が，加齢とともに機能低下してくるために引き起こされる。食べ物を飲み込む場合，喉頭蓋と呼ばれる器官が閉じることによって食道に飲み物や食べ物を運び，気道への飲食物の侵入を防いでいる。この嚥下反射の機能低下により食べ物や吐瀉物が気道に入り，間質性肺炎を引き起こした状態が，誤嚥性肺炎である。気道においては食べ物の消化・吸収が行えないため激しい炎症反応を引き起こす。
>
> 　肺気腫とは，終末細気管支より末梢の気道壁の破壊を伴った気腔の恒久的な拡大のことであり，慢性気管支炎は炎症が繰り返し行われることで気管支の細胞が傷害され，扁平上皮化生などを起こすことで発症する。この肺気腫と慢性気管支炎などによって肺のガス交換機能が低下した状態を伴う疾患をCOPDと呼ぶ。
>
> 　COPDは有害物質を長期間，吸入曝露することで生じた肺の炎症性疾患であり，喫煙習慣を背景に中高年に発症する生活習慣病と捉えることができる。長期の喫煙歴があり慢性的にせき，たん，労作時呼吸困難があればCOPDが疑われる。呼吸機能検査により，最大限努力して呼出したときに排出できる全体量（努力肺活量）とそのときに最初の1秒間で呼出できる量（1秒量）を測定し，その比率で表される1秒率（1秒量÷努力肺活量）が気道の狭窄状態（閉塞性障害）を示している。一般的に1秒率が70％未満であればCOPDと診断される。

第 15 章
生活習慣と関連した疾病

　ガンや心臓病，脳卒中などの中年期から発症率が高くなる。死因の上位を占める疾患をまとめて，以前は成人病と呼んでいた。しかし，それらの疾患の原因となり得る，悪い生活習慣の改善に結びつけて，疾病の発症や進展の予防に繋がる言葉の創造の必要性が求められ，生活習慣病という呼称が使われるようになった。高血圧症，脳卒中，心臓病，糖尿病，悪性腫瘍，肝臓病，腎臓病，骨粗鬆症なども含めて生活習慣病と呼ぶ。これまでにも述べたように，不健康な生活習慣はさまざまな病気を引き起こす原因になる。それらの疾患の原因となる生活習慣として，偏った食事，運動不足，過度のストレスなどが挙げられる。高血圧症や脳卒中は循環障害によって引き起こされる。本章では，これらのような疾患について説明する。

▶ 15.1　循環器系とは何か ◀

　生活習慣病は，血管の病変を伴うものが多いことから，循環器系についてはじめに説明する。成人体重の約 60％ は水分であり，細胞の中にある液体成分と細胞の外にある液体成分がある。なお，血液は体重の約 7～8％ であり，体重 70 kg の場合およそ 5 L になる。このうちの 3 分の 1 以上を失うと生命の危険にさらされ，半分失われるとほとんどの場合は死亡する。また，3 分の 1 に満たない場合であっても，急速に血液を失うと死亡することがある。
　循環器系は体の中を循環している脈管から構成され，その中を液体成分やタンパク質成分が循環している。血液循環系は，大循環系と小循環系，さらに門脈循環系がある。大循環系は心臓から出て全身臓器を巡り，心臓に戻ってくる

循環系である（大循環系：左心室→大動脈→全身の動脈→毛細血管→全身の静脈→大静脈→右心房）。心臓と肺の間の循環系を小循環系，または肺循環と呼ぶ（小循環系：右心室→肺動脈→肺→肺静脈→左心房）。門脈循環系は，肝臓と小腸の間の循環系である。

　動脈とは血液が心臓から出ていく血管のことを言い，静脈は血液が心臓に戻ってくる血管のことを言う。動脈血は酸素を豊富に含む血液のことであり，静脈血は二酸化炭素，老廃物を多く含む血液である。したがって，大循環系では動脈に動脈血が，静脈に静脈血が流れるが，小循環系では動脈に静脈血が流れ，静脈に動脈血が流れるという大循環系とは逆の関係になる。全身を巡って，静脈血が心臓に戻り，その後は肺に出てガス交換を行い，酸素を豊富に取り込んで心臓に戻ってくる。このとき，心臓に戻ってきた血液のほうが酸素を豊富に含んでいることから，肺静脈に動脈血が流れることになる。

▶ 15.2 虚血とその原因 ◀

　虚血とは，動脈血の血流が減少した状態のことであり，その原因は血栓，塞栓，動脈硬化症による血管腔の閉塞などである。虚血部を迂回する側副循環（代替の血液循環系）がない場合，虚血を起こした血管によって栄養を支配されていた組織は壊死に陥る。

　血栓とは，血管内での血液凝固現象によって生じた血液の塊であり，それによって引き起こされる疾患を血栓症と呼ぶ。原因は動脈硬化症による血管壁の変化，動脈瘤（血管壁の変化による瘤のような膨らみを特徴とする）による血流の変化，手術後やガンなどによる血液性状の変化などである。好発部位は冠状動脈，心臓弁膜，脳動脈，下肢静脈などである。血栓の転帰（状態の変化）は，毛細血管と線維組織による置換えによる器質化や，毛細血管新生による血流の再開による再疎通などがある。

　組織片や異物（塞栓）による血管腔の閉塞によって引き起こされる循環障害を塞栓症と呼ぶ。塞栓が血栓の場合は血栓塞栓症と呼ばれる。塞栓は血栓以外

にも，脂肪，腫瘍塊，空気などがある．血栓塞栓症には，動脈性塞栓症と静脈性塞栓症があり，前者は心臓や大動脈に生じた血栓が末梢の血管を詰まらせることによる塞栓症，後者は下肢静脈より生じた血栓などによる塞栓症である．肺動脈血栓塞栓症は，いわゆるエコノミークラス症候群と呼ばれ，下肢静脈に生じた血栓が循環系に沿って移動し，肺動脈を詰まらせる．長時間同じ姿勢で座っていた場合や，手術後などに見られ，太い肺動脈に塞栓が生じた場合は突然死を招く場合がある．

梗塞とは，血栓症や塞栓症による組織の壊死であり，脳梗塞や心筋梗塞は死因の上位を占めている．組織像によって分類され，貧血性梗塞は黄白色の病変を示し，腎臓，脾臓，心臓などで見られ，出血性梗塞は赤褐色の病変を示し，肺や肝臓などで見られる．

▶ 15.3 全身性の循環障害 ◀

全身性に循環障害が起こり，急激に血液の循環に障害が現れた状態をショックと呼ぶ．外傷などによる出血性ショック，心臓の機能障害を原因とする心原性ショック，毒素によるエンドトキシンショックなどがある．また，**アナフィラキシーショック**と呼ばれる，急激なアレルギー反応を引き起こした場合にも循環障害を引き起こす．アレルギーを引き起こす基になる物質をアレルゲンと呼ぶが，その人にとって特に重篤な症状を引き起こすアレルゲンと接触した場合，アナフィラキシーショックに陥る場合がある．

▶ 15.4 出 血 の 種 類 ◀

出血とは，血管内膜の外に血液の全成分が流出することである．破綻性出血，外傷性出血，浸食性出血（胃潰瘍など），漏出性出血（血管壁，血管周囲組織の異常，ビタミンC欠乏，ビタミンK欠乏などによるもの）などがある．口から血を吐くことを吐血と呼ぶが，肺や気管支などの病変による場合は喀血

と呼ぶ。また，肛門からの出血は下血と呼ぶ。病変部位の場所などによって，吐血や喀血，下血により出血した血液の色が異なる。

▶ 15.5 炎症と浮腫 ◀

近年，肥満は炎症性疾患の一つとして捉えられている。動脈硬化症も，血管の炎症性病変によって引き起こされると考えられている。炎症のうち，急性炎症とは発症後数日までの期間を指し，亜急性炎症は2週間程度，数か月以上炎症が続く場合は，慢性炎症と呼ぶ。急性炎症の五つの徴候として，発熱，発赤，腫脹，疼痛，機能障害がある。すなわち，炎症を起こした部位は熱を帯びて赤く腫れ，痛みがあり，組織の機能に障害が現れてくる。例えば，下肢の打撲などの際，患部は熱を持ち，赤くなって腫れ，痛みがあり，歩行が困難になる機能障害が現れる。このとき，おもに毛細血管の拡張による血液量の増加が腫れや赤く熱を帯びる原因となる。

毛細血管は，血管内皮細胞と呼ばれる細胞が管状に配列して構成されており，血管が拡張することによって細胞と細胞の間の接着が緩む。これにより血管の中を流れている液体成分，あるいはタンパク質成分が，血管の外に漏れ出やすくなる。この状態を血管透過性が亢進した状態と呼ぶ。血管透過性が亢進することにより，白血球のような細胞成分も血管外に出ることができるようになる。白血球は体内を循環しており，細菌が体内に侵入して感染した場合，その部位を感知して血管から外に脱出する。これを白血球の**遊走**（migration）と呼ぶ。血管外に出た白血球は病原体の除去にあたる。

血管内の液体成分が，血管外へ漏れ出ることを浸出と呼び，浸出液が局所に貯留することによって浮腫を起こす。例えば，指先の火傷などの場合に水膨れができるのも急性炎症によって血管透過性が亢進したためであり，浸出液が水疱の中に貯留している状態である。食物アレルギーなどで喉頭に浮腫が生じた場合は，気道が狭窄して呼吸困難となり，生命の危険にさらされる場合がある。

▶ 15.6　生活習慣病とその要因 ◀

　生活習慣病とは文字どおり，体の負担になる生活習慣を続けることによって引き起こされる疾患の総称である。それらは，高血圧症，脳卒中，心臓病，糖尿病，ガン，肝臓病，腎臓病などである。生活習慣病の発症には，偏った食事，運動不足，過度のストレス，過度の飲酒，喫煙などの生活習慣が関係している。偏った食事によって，糖尿病，肥満，高血圧症，高脂血症，高尿酸血症，脳血管障害，心臓病，大腸ガンなどが，運動不足により糖尿病，肥満，高脂血症，高血圧症などが，過度のストレスにより，ガン，脳血管疾患などの疾患の発症リスクが増加する。また，過度の飲酒はアルコール性肝疾患，食道ガンなどの発症と関連し，喫煙は肺ガン，脳血管疾患，心臓病などの発症と関連がある。

▶ 15.7　高血圧症とその要因 ◀

　血液は，心臓の左心室から大動脈を経て全身の動脈に送られる。その動脈の壁を押し上げる圧力が血圧であり，左心室が収縮した際の血圧が一番高く，逆に左心室が拡張した際の血圧が一番低い。これらのいずれかまたは両方の値が正常値より高い状態を高血圧症と言い，そのうち肺や腎臓などに異常がないものを，本態性高血圧症と呼ぶ。高血圧症のおよそ90％が本態性高血圧症である。高血圧症は遺伝要因と生活習慣などの環境因子によって発症する。原因としては，過剰な塩分摂取，肥満，飲酒，ストレスなどが挙げられている。また過剰な肉体労働によっても高血圧症を招くことがある。血圧が高いことでつねに血管壁にストレスが掛かっている状態となるため，高血圧症は動脈硬化症や動脈瘤などの発症原因になり得る。さらに，高血圧症により作業性に心筋が肥大し，最終的に心臓のポンプ機能が失われる場合がある。

15.8 脳卒中の分類

　脳の血管障害によって引き起こされる脳血管疾患の分類として，脳梗塞，頭蓋内出血，脳出血，くも膜下出血，一過性脳虚血発作，高血圧性脳症などがある。脳梗塞は血栓によるものや，塞栓によるものがある。脳は，軟膜，くも膜，硬膜の三つの膜に覆われている。例えば，くも膜の下に出血が見られる場合がくも膜下出血であり，硬膜の外に血腫（血の塊）ができると硬膜外血腫と呼ばれる。一過性脳虚血発作は，一時的に言葉が詰まり会話が成立しないなどの症状が現れ，大きな脳卒中の前兆ともされる。脳卒中の後遺症は，障害を起こした血管に支配されていた神経細胞がどのような機能を持っていたかによって異なり，運動機能障害や言語障害，記憶障害などさまざまな後遺症が現れる。

15.9 虚血性心疾患とその要因

　虚血性心疾患はおもに心臓に栄養を送っている冠状動脈の虚血によって起こることから冠状動脈疾患とも呼ばれる。狭心症は，一過性虚血による心筋への酸素欠乏に起因する疾患である。冠状動脈に動脈硬化症が見られ，虚血となり，酸素や栄養が行き渡らなくなることにより心臓の機能が低下している状態が狭心症である。狭心症の危険因子としては，喫煙，高血圧症，糖尿病，高コレステロール血症，肥満，運動不足，強いストレスなどがある。治療法としてニトログリセリンやカルシウム拮抗薬などの投薬や，バイパス手術などが行われる。

　急性心筋梗塞は，冠状動脈の閉塞により心筋が虚血性壊死を起こした状態である。心筋の細胞が死滅した場合，基本的には再生しないため，壊死を起こした組織の場所や範囲によっては死に至ることがある。原因としては，動脈硬化症が主体である。

　心筋梗塞を起こしても，心筋細胞の壊死が限局的であれば命を取り留める場

合がある．しかし，心臓のポンプ機能が低下する場合も多い．このように，心臓からの血液の拍出量が減少し，全身の臓器，組織への血液供給不全をきたした状態を心不全という．心不全は高血圧症などが原因となり，進行すると心原性ショックを引き起こす．

通常どおり，脈が規則正しいリズムで触れる状態を整脈と言う．これに対し，何らかの原因によってリズムが乱れ，不規則な状態になっている脈を不整脈と言う．原因は，心筋障害やホルモンバランスの乱れ，薬物の副作用，先天性異常，加齢による電気信号機能の低下，ストレスなどがある．

▶ 15.10 血糖値の調節と糖尿病 ◀

正常な範囲の血糖値は，空腹時 70～110 mg/dL，食後 180 mg/dL 以下とされる．これを上回るような値になると，糖尿病が疑われる．血糖値は，前日など直前の食事内容に影響されるため，現在は**ヘモグロビン A1c**（HbA1c）と呼ばれる，メイラード反応を起こした際に生成するヘモグロビンの割合を測定することが多い．この値は，ヘモグロビンの体内での半減期から考えて直近数か月間の血糖値の状態を反映している．正常値は 4.3～5.8％で，6.1％以上の場合，糖尿病が疑われる（年齢，性別などで基準値は異なる）．

われわれの血糖値を調節するホルモンのうち，血糖値を上げるホルモンは，グルカゴン，グルココルチコイド，アドレナリンなどが知られている．しかし，血糖値を下げるホルモンは事実上，インスリンしか存在しない．このことは，進化の過程において，捕食して餌を十分に得ることができる生物は限られており，血糖値を下げる機能に関して多様性を持って進化させることができなかったためであると考えられている．先進国において，ヒトが食べ物に困らなくなってきたのはせいぜいこの 100 年程度である．また，血糖値は上昇するよりも，低下するほうが，昏睡に陥るなど命の危険にさらされる場合がある．そのため，血糖値を上げるシステムは進化の過程でさまざまに獲得されてきたと考えられている．その結果，飽食の時代となった現代においては，血糖値をう

まくコントロールできなくなり，糖尿病の発症率が増加してきたと考えられている。

　血糖値を調節するホルモンは，すい臓のランゲルハンス島の α 細胞からグルカゴン，β 細胞からインスリンが分泌されている。糖尿病には1型と2型がある。1型は若年型と言われ，インスリンの分泌が正常に機能せず，β 細胞が何らかの原因で機能を失っている。自己免疫疾患など，遺伝的に β 細胞の機能が低下することによって発症することも知られている。わが国では，糖尿病患者の数は約700万人と言われ，そのうち1型糖尿病は数％であり，通常見られる2型糖尿病が95％以上を占める。2型糖尿病はインスリンが分泌されても，そのインスリンがうまく働かない，インスリン抵抗性を示す。

▶ 15.11　糖尿病の合併症 ◀

　糖尿病の合併症として急性に現れるものとして，血糖値の調節異常による昏睡がある。慢性症状としては，網膜症や腎症，神経障害などが代表的である。血液中のグルコース濃度はインスリンによって調節され，インスリン受容体からシグナルを受けた標的組織の細胞は，細胞内にグルコースを取り込む。血管を構成する細胞である血管内皮細胞や神経細胞は，インスリン非依存的に，それらの細胞の周囲のグルコース濃度が高い場合，細胞の中にグルコースを取り込む。グルコースが過剰に細胞に取り込まれることによって，浸透圧ストレスが生じて細胞に傷害を与える。

　合併症が進行すると糖尿病性網膜症による失明や，腎症の進行によって透析や腎臓移植が必要になる場合がある。また，神経障害ではおもに下肢，足の指先などの感覚が鈍くなり，外傷と感染が加わると，壊疽を起こす場合がある。

　糖尿病の予防には，食事と運動が重要である。治療法も，食事療法，運動療法が重要となる。糖尿病治療薬としては，インスリン注射や，メトホルミン，さらに尿から積極的にグルコースを排泄させる薬剤などが使われている。

15.12 脂質代謝異常と肝疾患

　脂質代謝異常によりおこる高脂血症とは，血中の中性脂肪，コレステロール値が高い状態のことである。コレステロールのうち，**HDL**（high density lipoprotein：高密度リポタンパク質）コレステロールは血中濃度が低い場合のほうが問題となり，高いほうが健康に良いため善玉コレステロールと呼ばれる。これはHDLが細胞から余分なコレステロールを取り除き，肝臓に戻す働きがあることに由来している。一方で，**LDL**（low density lipoprotein；低密度リポタンパク質）コレステロールは動脈硬化症の促進因子であり，いわゆる悪玉コレステロールとして知られている。特に，酸化型LDLコレステロールの血中濃度が高いと動脈硬化症の発症率が高いとされる。

　過剰な中性脂肪が臓器に沈着する場合があり，肝臓においてよく見られる。肝臓に脂肪蓄積が過剰に見られる状態を脂肪肝と呼ぶ。肝臓における脂肪変性疾患のうち，アルコールによらないものを**非アルコール性脂肪性肝疾患**（NAFLD；non-alcoholic fatty liver disease）または**非アルコール性脂肪肝炎**（NASH；non-alcoholic steatohepatitis）と呼ぶ。

15.13 肥満とアディポサイトカイン

　肥満は，糖尿病，高脂血症，動脈硬化症の原因となる。肥満はエネルギーバランスの異常であり，食事としてのエネルギー摂取が消費を上回り，脂肪組織やほかの臓器に中性脂肪の蓄積が増加した状態である。BMI（body mass index）が18.5〜25が普通体重であり，この値より小さいとやせ型，大きいと太り気味〜肥満となる。

　脂肪細胞は，ホルモン様因子（サイトカイン）を分泌しており，内分泌器官として働いている。摂食行動に関わる代表的なものはレプチンであり，このホルモンは脳の視床下部でNPYやPOMCの発現を制御している。脂肪細胞由来

のサイトカインをアディポサイトカインと呼び，アディポネクチンは善玉アディポサイトカインに分類され，抗動脈硬化，抗肥満効果が知られている。TNF-α（tumor necrosis factor-α）やレジスチンは，逆に肥満で増加する悪玉アディポサイトカインであると考えられている。また，体重の増加により変形性膝関節症や子宮体ガン，乳ガンの発症率が上昇することが知られている。

▶ 15.14 血管の老化と動脈硬化症 ◀

　動脈硬化症により血管が固くなり，柔軟性を喪失する。この現象はおそらく加齢とともに生じる避けられない老化現象の一面であると考えられている。動脈硬化症には，**粥状硬化症**（atherosclerosis），細動脈硬化症，石灰化症があり，一般的に動脈硬化症は，粥状硬化症を指す場合が多い。好発部位として，冠状動脈，脳動脈が挙げられる。粥状硬化症では，**粥腫**（atheroma：**アテローム**）と呼ばれる血管壁の損傷部位に脂質などを含む病変を形成する。動脈硬化症になることによって，脳梗塞や心筋梗塞のリスクが上昇し，結果として寿命の短縮に繋がる。血清中の脂質を下げる効果が知られている，DHAやEPAを食事やサプリメントから摂取することによって，動脈硬化症を抑制できる可能性が示唆されている。

　動脈の血管壁は，内膜，中膜，外膜の三層構造からなる。動脈硬化症の場合，中膜が厚くなる肥厚が見られる。動脈硬化症の発症は，貪食細胞であるマクロファージが血管壁に付着した脂質を貪食し，処理しきれずに**泡沫細胞**（form cell）となって中膜に蓄積することからはじまる。このような組織の変化を粥腫と呼び，血栓や塞栓の原因となる。高脂血症の存在下では，さらなる血管内腔および変性した泡沫細胞由来の細胞外脂質の蓄積が起こる。このようにして，粥腫による中膜の肥厚が進行して血管腔が狭窄し，最終的に血流が遮断される場合がある。

▶ 15.15　痛風とその要因 ◀

痛風は，プリン代謝異常による高尿酸血症と発症が関連している。中年男性に多く，発症には年齢，環境，遺伝，食生活なども関与する。尿酸塩結晶の沈着により，痛風性関節炎が足の親指などに生じる。また，腎傷害および腎結石が生じる場合もある。治療法は，痛風発作に対する治療と合併症の予防が主であり，食事療法，薬物療法などが行われる。

▶ 15.16　メタボリックシンドロームとその定義 ◀

メタボリックシンドロームは内臓脂肪症候群とも呼ばれ，内臓脂肪型肥満（おなか周りの脂肪の蓄積）を共通の要因として高血糖症，脂質異常，高血圧症が引き起こされる状態のことを言う。過食や運動不足などの生活習慣が原因となって起こるため，生活習慣を改めることによって予防・改善が期待できる。

診断基準は，まずウエスト周囲が男性 85 cm，女性 90 cm 以上を超えているかを測定する。この値を超えていて

① 中性脂肪 150 mg/dL 以上，HDL コレステロール 40 mg/dL 未満のいずれかまたは両方
② 最高血圧 130 mmHg 以上，最低血圧 85 mmHg 以上のいずれかまたは両方
③ 空腹時血糖値 110 mg/dL 以上

の①から③のうち二つ以上の項目が該当するとメタボリックシンドロームと診断される。

メタボリックシンドロームは生活習慣病の前段階とされ，特定健康診査と呼ばれる健診が実施され，その結果，メタボリックシンドローム該当者またはその予備群となった人に対して，その人の状態にあった生活習慣の改善に向けた指導（特定保健指導）が実施されている。

BMIと平均余命

　BMI（body mass index：**ボディマス指数**）とは，身長と体重から肥満度を表す指数のことである。計算は以下のように，kg で表した体重を m で表した身長で 2 回割った値である。

$$BMI＝体重〔kg〕\div 身長〔m〕\div 身長〔m〕$$

　例えば 70 kg，170 cm の場合，70÷1.7÷1.7≒24.2 となり，40 kg，150 cm であれば 40÷1.5÷1.5≒17.8 となる。

　宮城県内の 40 歳以上の住民約 5 万人を対象に追跡調査した研究から，40 歳時点での平均余命が算出された[58]。その結果をまとめると**表 15-1** のようになる。

表 15-1　BMI と平均余命との関連

体型（BMI）	平均余命
普通（18.5 以上 25 未満）	男性 39.94 年，女性 47.97 年
太り気味（25 以上 30 未満）	男性 41.64 年，女性 48.05 年
肥満（30 以上）	男性 39.41 年，女性 46.02 年
痩せ（18.5 未満）	男性 34.54 年，女性 41.79 年

　興味深いことに，最も平均余命が長いのは BMI が 25～30 の太り気味の人であり，BMI が 18.5 未満の痩せた人は最も平均余命が短いという結果が報告されている。この理由はさまざまな要因が考えられるが，明確な理由ははっきりとはしていない。日本人で最も死亡率が低いのは BMI が 23～24 と言われているが，BMI が 22 を超えると糖尿病の発症リスクが高くなる。

第16章

腫　瘍

　腫瘍（tumor）は，その発育様式などの違いから，良性腫瘍と悪性腫瘍に分類される。今日では，日本人の2人に1人が悪性腫瘍に罹り，3人に1人が悪性腫瘍で死亡する状況にある。遺伝子の異常によって，かなりの高確率で発症するガンもあれば，喫煙など生活環境によって発症リスクが高まるガンもある。前者はガン遺伝子やガン抑制遺伝子と呼ばれる遺伝子の先天的な異常によって引き起こされ，後者は環境からのさまざまな発ガン性物質への暴露が関与していると考えられている。本章では，腫瘍の定義や分類から，その発症機構と治療法について説明する。

▶ 16.1　腫瘍とは何か ◀

　腫瘍とは，ヒトの体を構成している正常細胞や組織の一部が，何らかの原因によってその性格を変え（腫瘍細胞），一定の規則に従わずに自律性を持って，無目的かつ過剰に増殖，発育したものである。腫瘍は，**新生物**（neoplasm）とも呼ばれる。腫瘍には良性腫瘍と悪性腫瘍がある。本来，生理的な細胞の増殖と死は厳密にコントロールされているが，この制御から逸脱した細胞が腫瘍細胞である。

▶ 16.2　腫瘍の形態と分化度 ◀

　腫瘍のうち，塊を作るものは固形腫瘍と呼ばれる。一般的にガンは腫瘍組織の塊を作るが，中には白血病のように塊を作らないものもある。分化度とは，

腫瘍を発生した元の組織との類似性を表し，高分化とは元の組織と似ているものを，低分化とは似ていないものを指す。また，脱分化や幼若化，あるいは未分化と呼ばれる分化の性質を失った形態を示す腫瘍もある。その代表的なものには**奇形腫**（teratoma）がある。

▶ 16.3 腫瘍の細胞異型と構造異型 ◀

腫瘍細胞などが，正常な細胞と形態的に異なっている度合いを異型度と呼ぶ。異型細胞とは，核が大きく，細胞の輪郭がはっきりせず不整になっており，核と細胞質の比率が高い細胞のことを言う。構造異型とは，細胞の配列の規則性が正常細胞と異なっていることを言う。また，宿主（患者）の予後が悪い場合，悪性度が高いと言う。悪性度の高い腫瘍は，**悪性腫瘍**（malignant tumor），または**悪性新生物**（malignant neoplasm）と呼ばれる。異型度が高いと悪性度が高い傾向がある。一方，分化度が高いと悪性度が低い傾向を示す。

▶ 16.4 良性腫瘍と悪性腫瘍の違い ◀

良性腫瘍は，発育が膨張性で発育速度は緩徐であり，分裂能もあまり高くない。したがって，生命予後が比較的良い。これに対して悪性腫瘍は，周囲の組織・細胞を破壊し，浸潤性に（周りの組織にしみ込むように）腫瘍細胞が増殖していく。良性腫瘍と比べて発育が早く，細胞の異形も著しく，転移を起こす。患者に発生した腫瘍が良性であるか，悪性であるかは，その患者にとって予後を大きく左右するため，その診断は臨床上重要である。

表16-1に良性腫瘍と悪性腫瘍の違いを，**表16-2**に腫瘍の発育様式と広がり方を示した。

表 16-1 良性腫瘍と悪性腫瘍の違い

	良性腫瘍	悪性腫瘍
発育様式	膨張性	浸潤性
発育速度	緩徐	急速
分裂能	低い	高い
組織破壊	軽い	著しい
転移	ない	多い
再発	少ない	多い
二次変化	少ない	多い
全身への影響	軽い	著しい
異型度	低い	高い

表 16-2 腫瘍の発育様式と広がり方

発育様式	広がり方
膨張性発育	周囲の正常組織を圧排しながら増殖する。一般に良性腫瘍の場合。
浸潤性発育	腫瘍細胞が，周囲の正常組織の間隙にしみ込むように侵入して増殖する。一般に悪性腫瘍の場合。
非連続性発育（転移）	腫瘍が最初に発生した場所（原発巣）から離れてほかの部位に達し，そこで増殖，発育すること。

▶ 16.5　組織発生による腫瘍の分類 ◀

　腫瘍には，組織発生による分類として，扁平上皮，腺上皮，移行上皮などの上皮組織から発生する腫瘍細胞と，それ以外の非上皮性組織である脂肪組織，結合組織，骨組織，筋組織，結合組織などから発生する腫瘍がある。

　一般に良性腫瘍の名称は，「〇〇腫」，悪性の上皮性腫瘍の名称は「〇〇ガン」，悪性の非上皮性腫瘍の名称は「〇〇肉腫」と表し，〇〇にあてはまる言葉は腫瘍の発生母組織の名称が使用される。例えば脂肪組織から発生した良性腫瘍は脂肪腫と呼ばれる。胃に発生したガンであれば胃ガン，骨に発生した悪性腫瘍であれば骨肉腫と呼ばれる。**表 16-3** にこれらの分類と代表例を示した。

表 16-3 腫瘍の分類と代表例

分類	代表例
良性上皮性腫瘍	乳頭腫（皮膚，膀胱など），腺腫（胃，大腸など）
悪性上皮性腫瘍	扁平上皮ガン，腺ガン，移行上皮ガン，未分化ガン
良性非上皮性腫瘍	脂肪腫，線維腫，骨腫，血管腫，子宮筋腫，卵巣囊腫
悪性非上皮性腫瘍	脂肪肉腫，線維肉腫，骨肉腫，血管肉腫，平滑筋肉腫
その他	白血病，悪性リンパ腫

▶ 16.6 腫瘍の発生病理 ◀

腫瘍発生の理由やメカニズムに関してはまだ不明な点が多いが，DNA の異常を伴い，要因の多くは複数のガン遺伝子もしくはガン抑制遺伝子と呼ばれる遺伝子の突然変異によるものと考えられている。これらの変異を引き起こす環境要因（外因）と，生体内にある遺伝要因（内因）に腫瘍の発生病理は分けて考えられ，多くはこの両者が影響し合うことによってガンが発生すると考えられている。発ガンの要因について以下にまとめた。

〈外　因〉

1. **化学的要因**：喫煙と肺ガン，喉頭ガン，特に扁平上皮ガンや，アフラトキシン（米に付くカビ）と胃ガンの発生についての関係が知られている。

2. **物理的要因**：放射線を取り扱う技師に多く見られる皮膚ガン，白血病があり，職業ガンとして知られている。アスベストにより悪性中皮腫が発生する事が知られている。また，繰り返しの刺激による舌ガンや子宮頸ガンの発症が知られている。

3. **生物学的要因**：種々のウイルスが発ガン因子として作用することが明らかにされている。HTLV-1 は成人 T 細胞白血病の発症に関係している。これは，わが国の九州，四国地方，外国ではカリブ海沿岸に多く見られる。また，バーキットリンパ腫（悪性リンパ腫の一種）や鼻咽頭ガンでは，EB ウイルスの関与が示唆されている。そのほかにも，C 型肝炎ウイ

ルス（HCV）と肝ガン，ヒトパピローマウイルス（HPV）と子宮頸ガンの発症が知られている。

〈内因〉
1. **人種**：日本人には胃ガンが多く，欧米人には大腸ガンが多い。しかし，近年では日本人も大腸ガンが多くなり，日本人の食生活の欧米化など生活習慣の変化が関係していると考えられている。
2. **男女差**：甲状腺ガンは女性に多いなど男女間で発症率の違いが見られるガンがある。

▶ 16.7　腫瘍発生の二段階説（多段階説）◀

腫瘍発生の仮説として，二段階説（多段階説）が提唱されている。これは，イニシエーションと呼ばれる段階と，プロモーションおよびプログレッションと呼ばれる段階が発ガンには存在するという考え方である。イニシエーションは遺伝子が傷つき変異する段階で，イニシエーションを起こすものには，ダイオキシンなどの発ガン性物質のほか，放射線やウイルス，体内で生じる活性酸素などが知られている。プロモーションはガン細胞の増殖が促進される段階であり，種々の発ガン性物質，ホルモンなどが関与すると考えられている。プログレッションは悪性のガンとなる段階とされ，**ガン遺伝子**（oncogene）や**ガン抑制遺伝子**（tumor suppressor gene）などの複数の遺伝子変異が組み合わされた結果として進行すると考えられている。

ガン遺伝子とは，細胞の増殖に関わる遺伝子であり，異常に活性化された場合は細胞分裂が活発になり細胞増殖のアクセル役を担う。このガン遺伝子として，Myc，Ras，Raf，ErbB1などが知られている。これに対してガン抑制遺伝子は，細胞の異常増殖を抑制するブレーキの役割を果たす。このガン抑制遺伝子として，p53，Rb，Brca1，Chk2などが知られており，これらの遺伝子に異常が生じて細胞増殖のブレーキが効かなくなると，ガン細胞の増殖が活発化し，高頻度でガンを発症しやすくなる。ガンになりやすい家系では，これらの

遺伝子に先天的な変異を持っている可能性が高い。

　正常細胞には分裂の限界があるが，ガン細胞は無限に増殖することができる。DNAに傷害が入った場合，そのような傷害を検知するようなタンパク質があり，その傷ついた細胞を修復するか，アポトーシスなどで除去するかを運命づけるタンパク質も存在する。また，細胞周期のどの周期にある細胞が傷害されたかによっても，その後の運命が異なっている。細胞の分裂期やDNA合成期に傷害が入った場合は，ガン細胞の発生に繋がるような大きな変化が生じやすい。

▶ 16.8　発生するガンと年齢との関連 ◀

　多くのガンは高齢になってから発症してくるが，子どもに多いガンとして，白血病，神経芽腫，ウィルムス腫瘍などが知られている。また，脳腫瘍や骨肉腫なども子どもに多く見られる。乳ガンや子宮頸ガン，あるいは甲状腺ガンなど女性に多いガンは，30代あるいは40代前半でも発症が見られる。そのため，女性はガン検診の受診を若い時期から推奨されている。60代後半を過ぎると，ガンは死因の第一位ではなくなり，脳血管疾患や心疾患，肺炎などで死亡する率が高くなってくる。これは高齢者においては，ガン細胞の増殖が何らかの原因で緩徐となることと関連しているものと考えられる。

▶ 16.9　悪性腫瘍の転移様式 ◀

　血管やリンパ管の中に入った腫瘍細胞の大部分は，自然の防御力により死滅するが，生き残った腫瘍細胞が発生母地から離れた部位に付着し，そこで増殖，発育して病巣を形成することがある。これを**転移**（metastasis）と呼び，転移を起こさない早い時期に，外科的に原発巣を取り除くことが生命予後にとって重要である。周囲のリンパ節に転移が見られた場合には，それらのリンパ節も外科手術によって同時に取り除かれる。もし取り残された腫瘍細胞があ

る場合は，そこで増殖，発育し再発する可能性が高い。

転移の種類には以下の三つの様式がある。

〔1〕 **リンパ行性転移**

リンパ行性転移とは腫瘍細胞がリンパ管に侵入し，近くにある所属リンパ節へ転移する場合のことを言う。そこからさらにリンパの流れに沿って転移が進展する。乳ガンではまず腋窩リンパ節に転移し，肺ガンでは肺門リンパ節へ転移する。胃ガンでは，胃周囲のリンパ節から鎖骨上窩リンパ節へ転移する。この胃ガンの転移をウィルヒョウ転移と呼ぶ。

〔2〕 **血 行 性 転 移**

血行性転移とは腫瘍細胞が毛細血管や静脈を破壊して血管内に侵入し，血流にのって広がり，体のほかの部位に転移巣を作る場合のことを言う。腎臓ガン，甲状腺ガン，骨肉腫などが血行性転移を起こしやすい。

〔3〕 **播　　種**

播種とは腫瘍細胞が腹腔や胸腔内に散乱し，粟粒大の結節が無数に形成される状態のことを言う。胃ガンでは，胃壁を破ったガン細胞がこぼれ落ち，腹腔内のいたるところに付着してそこで増殖し，転移巣を作る。また肺ガンが胸膜腔に転移巣を作る場合もある。腹腔内の播種はダグラス窩（女性では直腸子宮窩）に最初に見られることが多く，直腸診で触知することがある。このダグラス窩転移をシュニッツラー転移と言う。また，胃ガンの卵巣への転移をクルーケンベルグ腫瘍と呼ぶ。

▶ 16.10　腫瘍の診断と治療法 ◀

腫瘍の診断は，画像診断機器の発達によって早期発見が可能になってきた。以下におもな腫瘍の診断法を示す。

画像診断：超音波エコー，X線検査，CTスキャン，PET，MRI検査など。

血液検査：腫瘍マーカーによる検査など。

病理学的検査：臨床的に診断が確実でないとき，あるいは，より正確な診断

を必要とする場合に行われる。

腫瘍が良性か悪性かの判断は，病理検査において確定されることが多く，患者の予後判定のために重要である。病理学的検査には**表16-4**に示したような方法がある。

表16-4　腫瘍の病理学的検査

検査法	方　法
細胞診	胸水，腹水，尿などや，穿刺した細胞の塗抹標本を作り，染色して腫瘍細胞の良性，悪性を検査する。
生検組織診断	内視鏡などを使って採取された組織の標本を組織学的に調べる。
外科組織診断	外科的に切除された病変から標本を組織学的に調べる。手術材料では，組織学的に腫瘍の浸潤の程度（深さ，広がり）などを調べる。
遺伝子診断	PCR法などを用いてDNAの突然変異を調べる。
腫瘍マーカー	腫瘍細胞特異的なタンパク質などを組織学的に検出する。

腫瘍の治療法には外科手術（最も確実），放射線照射（脳腫瘍など手術が困難なもの），化学療法（術後，術前など），ホルモン療法（乳ガン，前立腺ガンなどホルモンが関与するガンなど），拮抗薬（従来の抗ガン剤），分子標的療法（新しいタイプのガン治療薬），**テーラーメイド治療**（個々の患者にあった治療法の選択）などが行われる。分子標的薬の中には，特定のガンに対して劇的に腫瘍塊を縮小させ症状を緩和させる薬もいくつか臨床で使用されるようになってきている。

▶ 16.11　放射線障害と発ガン ◀

変異によって早老症を引き起こす遺伝子は，本来は放射線などによるDNAの二本鎖の切断などを修復する働きのある遺伝子が多い。DNAの異常は，修復タンパク質によって適切に修復されなければ，発ガンの原因となる。

日本では，どこの地域に住んでいても，宇宙から照射された放射線などで年間 $1 \sim 5$ mSv（ミリシーベルト）程度の放射線を浴びていると考えられている。計算上，わが国では人口10万人当たり数人は放射線を原因とする発ガン

によって死亡していると推計されている。早老症の原因遺伝子に異常が見られなくとも、ほかの修復遺伝子の多型などによって放射線感受性には個人差があるものと考えられる。

　放射線による傷害で議論になっているのは、100 mSv 以下の低線量被曝による健康影響である。100 mSv を超える被曝では、その被曝線量に比例して健康影響が現れてくる。しかし、それ以下の低線量被曝では健康影響に関して以下の四つの仮説が存在する（**図 16-1**）。

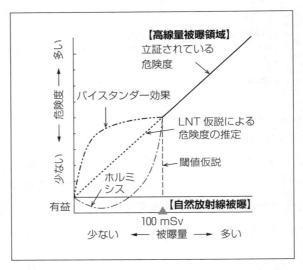

図 16-1　100 mSv 以下の被曝の健康影響に対する仮説

〔1〕**閾　値　仮　説**

　広島、長崎の原爆被害者のデータなどから、放射線障害が現れるには閾値があり、その線量を超えなえれば影響がないとする考え方である。すなわち 100 mSv 以下では健康影響がまったく見られないとする考え方である。

〔2〕**linear non-threshold（LNT：閾値なし直線）仮説**

　低線量においても直線的に放射線障害が現れ、健康影響に対して閾値がないとする考え方である。この考え方では、100 mSv 以下でもその線量に比例して放射線障害が現れるとし、被曝が 0 mSv になるまでは、何らかの影響が現れ

るとする考え方である。

〔3〕 バイスタンダー効果仮説

100 mSv 以下の低線量の場合，閾値なしで直線的に影響があるとした LNT 仮説の場合よりも，むしろ悪影響が大きいとする考え方である。例えば，100 mSv と 50 mSv との比較では，直線的に影響が下がる場合，影響は半減するが，バイスタンダー効果がある場合は，100 mSv と 50 mSv では健康影響に違いが見られないということである。バイスタンダー効果は，放射線を浴びた細胞の周辺に存在する細胞は，放射線をまったく浴びていなくても，あたかも放射線を浴びた細胞と同じような何らかの悪影響が出てくる現象を言う。メカニズムはまだよくわかっていないが，ある種のホルモン様物質が放射線を浴びた細胞から分泌されることによるものではないかと考えられている。

〔4〕 ホルミシス仮説

この仮説では，低線量の放射線を浴びたほうが，むしろ細胞のストレス応答反応が活性化されて，体にとって有益な効果が見られると考える。実際にそのような効果を示す実験結果も数多く報告されている。弱いストレスは，まったくストレスがない状態よりもむしろ体の防御系が活性化されて有益であると考えられており，これは放射線以外のストレス因子にも当てはまる場合がある。

 遺伝的要因によっておこるガン

Brca1，p53，APC 遺伝子に変異を持つ家系が知られており，これらの家系では，高頻度かつ若い時期にそれらの遺伝子変異に特徴的な以下のようなガンを発症する場合が多い。

- **Brca1 遺伝子の変異**：乳ガンまたは卵巣ガン。この遺伝子に変異を持つ場合，良性段階でも腫瘍が見つかった場合は欧米では予防的に乳房や卵巣切除が行われることがある。
- **p53 遺伝子の変異**：Li-Fraumeni 症候群の発症（骨肉腫，乳ガン，脳腫瘍など種々の腫瘍を発症する）。
- **APC 遺伝子の変異**：家族性大腸腺腫症の発症（若年期に大腸ガンを発症する場合が多い）。

引用・参考文献

★1章

1) Couzin, J.：Aging research：Is long life in the blood?, Science, **302**† (5644), pp.373–375 (2003)
2) Herskind, A.M., McGue, M., Holm, N.V., Sørensen, T.I., Harvald, B., and Vaupel, J.W.：The heritability of human longevity：a population-based study of 2872 Danish twin pairs born 1870–1900, Hum Genet, **97**, pp.319–323 (1996)
3) 服部成介，水島-菅野純子（著），菅野純夫（監修）：よくわかるゲノム医学―ヒトゲノムの基本からテーラーメード医療まで―，羊土社 (2011)
4) 平成23年人口動態統計月報年計（概数）の概況（厚生労働省）
   http://www.mhlw.go.jp/toukei/saikin/hw/jinkou/geppo/nengai11/kekka03.html
   （2016年1月現在）
5) 性別にみた死因順位（第10位まで）別死亡数・死亡率（人口10万対）・構成割合（厚生労働省）
   http://www.mhlw.go.jp/toukei/saikin/hw/jinkou/kakutei14/dl/10_h6.pdf（2016年1月現在）
6) 石井直明，丸山直記（編）：老化の生物学―その分子メカニズムから寿命延長まで―，化学同人 (2014)
7) 中島利誠（編著）：生活と健康，コロナ社 (2002)
8) 野村総合研究所ニュースリリース
   https://www.nri.com/~/media/PDF/jp/news/2014/141118.pdf（2016年1月現在）
9) 平成26年の救急出動件数等（総務省）
   http://www.fdma.go.jp/neuter/topics/houdou/h27/03/270331_houdou_2.pdf
   （2016年1月現在）

★2章

10) 小林淑恵，渡辺その子，文部科学省 科学技術・学術政策研究所：ポストドクターの正規職への移行に関する研究，DISCUSSION PAPER No.106 (2014)

---

† 論文誌の巻番号は太字，号番号は細字で表す。

引用・参考文献　　*151*

★3章

11) 服部成介，水島-菅野純子（著），菅野純夫（監修）：よくわかるゲノム医学―ヒトゲノムの基本からテーラーメード医療まで―，羊土社（2011）
12) Schena, M., Shalon, D., Davis, R.W., and Brown, P.O.：Quantitative monitoring of gene expression patterns with a complementary DNA microarray, Science, **270**(5235), pp.467-470（1995）
13) Saiki, R.K., Scharf, S., Faloona, F., Mullis, K.B., Horn, G.T., Erlich, H.A., and Arnheim, N.：Enzymatic amplification of beta-globin genomic sequences and restriction site analysis for diagnosis of sickle cell anemia, Science, **230**(4732), pp.1350-1354（1985）
14) Hozumi, N. and Tonegawa, S.：Evidence for somatic rearrangement of immunoglobulin genes coding for variable and constant regions, Proc. Natl. Acad. Sci. U. S. A., **73**(10), pp.3628-3632（1976）
15) Takahashi, K. and Yamanaka, S.：Induction of pluripotent stem cells from mouse embryonic and adult fibroblast cultures by defined factors, Cell, **126**(4), pp.663-676（2006）

★4章

16) McCay, C.M., Crowell, M.F., and Maynard, L.A.：The effect of retarded growth upon the length of life span and upon the ultimate body size, J. Nutr., **10**, pp.63-79（1935）
17) 小林直樹，植木浩二郎：インスリン・IGF-1シグナルによる老化・寿命制御，医学のあゆみ，**253**(9), pp.760-764，医歯薬出版（2015）
18) Imai, S., Armstrong, C.M., Kaeberlein, M., and Guarente, L.：Transcriptional silencing and longevity protein Sir2 is an NAD-dependent histone deacetylase, Nature, **403**(6771), pp.795-800（2000）
19) 吉野　純，佐藤亜希子，今井眞一郎：アンチ・エイジング医学，**5**(5), pp.690-698，メディカルレビュー社（2009）

★5章

20) Baur, J.A., Pearson, K.J., Price, N.L., Jamieson, H.A., Lerin, C., Kalra, A., Prabhu, V.V., Allard, J.S., Lopez-Lluch, G., Lewis, K., Pistell, P.J., Poosala, S., Becker, K.G., Boss, O., Gwinn, D., Wang, M., Ramaswamy, S., Fishbein, K.W., Spencer, R.G., Lakatta, E.G., Le Couteur, D., Shaw, R.J., Navas, P., Puigserver, P., Ingram, D.K.,

de Cabo, R. and Sinclair, D.A. : Resveratrol improves health and survival of mice on a high-calorie diet, Nature, **444**(7117), pp.337-342(2006)

21) Harrison, D.E., Strong, R., Sharp, Z.D., Nelson, J.F., Astle, C.M., Flurkey, K., Nadon, N.L., Wilkinson, J.E., Frenkel, K., Carter, C.S., Pahor, M., Javors, M.A., Fernandez, E., and Miller, R.A. : Rapamycin fed late in life extends lifespan in genetically heterogeneous mice, Nature, **460**(7253), pp.392-395(2009)

22) Selman, C., Tullet, J.M., Wieser, D., Irvine, E., Lingard, S.J., Choudhury, A.I., Claret, M., Al-Qassab, H., Carmignac, D., Ramadani, F., Woods, A., Robinson, I.C., Schuster, E., Batterham, R.L., Kozma, S.C., Thomas, G., Carling, D., Okkenhaug, K., Thornton, J.M., Partridge, L., Gems, D.,and Withers, D.J. : Ribosomal protein S6 kinase 1 signaling regulates mammalian life span, Science, **326**(5949), pp.140-144(2009)

23) ONTARGET Investigators, Yusuf, S., Teo, K.K., Pogue, J., Dyal, L., Copland, I., Schumacher, H., Dagenais, G., Sleight, P., and Anderson, C. : Telmisartan, ramipril, or both in patients at high risk for vascular events, N. Engl. J. Med., **358**(15), pp.1547-1559(2008)

24) Benigni, A.1., Corna, D., Zoja, C., Sonzogni, A., Latini, R., Salio, M., Conti, S., Rottoli, D., Longaretti, L., Cassis, P., Morigi, M., Coffman, T.M., and Remuzzi, G. : Disruption of the Ang II type 1 receptor promotes longevity in mice, J. Clin. Invest,**119**(3), pp.524-530(2009)

25) Roumie, C.L., Hung, A.M., Greevy, R.A., Grijalva, C.G., Liu, X., Murff, H.J., Elasy, T.A., and Griffin, M.R. : Comparative effectiveness of sulfonylurea and metformin monotherapy on cardiovascular events in type 2 diabetes mellitus : a cohort study, Ann Intern Med.(2012)

26) Martin-Montalvo, A., Mercken, E.M., Mitchell, S.J., Palacios, H.H., Mote, P.L., Scheibye-Knudsen, M., Gomes, A.P., Ward, T.M., Minor, R.K., Blouin, M.J., Schwab, M., Pollak, M., Zhang, Y., Yu, Y., Becker, K.G., Bohr, V.A., Ingram, D.K., Sinclair, D.A., Wolf, N.S., Spindler, S.R., Bernier, M., and de Cabo, R. : Metformin improves healthspan and lifespan in mice, Nat. Commun., 4 : 2192(2013)

27) Ford, I., Murray, H., Packard, C.J., Shepherd, J., Macfarlane, P.W., Cobbe, S.M., and West of Scotland Coronary Prevention Study Group : Long-term follow-up of the West of Scotland Coronary Prevention Study, N. Engl. J. Med,. **357**(15), pp.1477-1486(2007)

28) Yoshida, M., Shiojima, I., Ikeda, H., and Komuro, I. : Chronic doxorubicin

cardiotoxicity is mediated by oxidative DNA damage-ATM-p53-apoptosis pathway and attenuated by pitavastatin through the inhibition of Rac1 activity, J. Mol Cell Cardiol., **47**(5), pp.698-705(2009)

29) Yamauchi, T., Kadowaki, T. : Adiponectin receptor as a key player in healthy longevity and obesity-related diseases, Cell Metab., **17**(2), pp.185-196(2013)

30) Chiba, T., Yamaza, H., Komatsu, T., Nakayama, M., Fujita, S., Hayashi, H., Higami, Y., and Shimokawa, I. : Pituitary growth hormone suppression reduces resistin expression and enhances insulin effectiveness : relationship with caloric restriction, Exp. Gerontol, **43**(6), pp.595-600(2008)

31) Valero, T. : Mitochondrial biogenesis : pharmacological approaches, Curr Pharm Des, **20**(35), pp.5507-5509(2014)

32) Weimer, S., Priebs, J., Kuhlow, D., Groth, M., Priebe, S., Mansfeld, J., Merry, T.L., Dubuis, S., Laube, B., Pfeiffer, AF1, Schulz, T.J., Guthke, R., Platzer, M., Zamboni, N., Zarse, K., and Ristow, M., : D-Glucosamine supplementation extends life span of nematodes and of ageing mice, Nat. Commun., 5 : 3563(2014)

33) Chiba, T., Komatsu, T., Nakayama, M., Adachi, T., Tamashiro, Y., Hayashi, H., Yamaza, H., Higami, Y., and Shimokawa, I. : Similar metabolic responses to calorie restriction in lean and obese Zucker rats, Mol Cell Endocrinol, **309**(1-2), pp.17-25(2009)

34) Strong, R., Miller, R.A., Astle, C.M., Baur, J.A., de Cabo, R., Fernandez, E., Guo, W., Javors, M., Kirkland, J.L., Nelson, J.F., Sinclair, D.A., Teter, B., Williams, D., Zaveri, N., Nadon, N.L., and Harrison, D.E. : Evaluation of resveratrol, green tea extract, curcumin, oxaloacetic acid, and medium-chain triglyceride oil on life span of genetically heterogeneous mice, J. Gerontol. A Biol. Sci. Med. Sci., **68**(1), pp.6-16(2013)

35) Spindler, S.R., Mote, P.L., Flegal, J.M., Teter, B. : Influence on longevity of blueberry, cinnamon, green and black tea, pomegranate, sesame, curcumin, morin, pycnogenol, quercetin, and taxifolin fed iso-calorically to long-lived, F1 hybrid mice, Rejuvenation Res., **16**(2), pp.143-151(2013)

36) Komatsu, T., Chiba, T., Yamaza, H., Yamashita, K., Shimada, A., Hoshiyama, Y., Henmi, T., Ohtani, H., Higami, Y., de Cabo, R., Ingram, D.K., and Shimokawa, I. : Manipulation of caloric content but not diet composition, attenuates the deficit in learning and memory of senescence-accelerated mouse strain P8, Exp. Gerontol, **43**(4), pp.339-346(2008)

37) Shimazu, T., Hirschey, M.D., Newman, J., He, W., Shirakawa, K., Le Moan, N., Grueter, C.A., Lim, H., Saunders, L.R., Stevens, R.D., Newgard, C.B., Farese, R.V. Jr, de Cabo, R., Ulrich, S., Akassoglou, K., and Verdin, E.：Suppression of oxidative stress by β-hydroxybutyrate, an endogenous histone deacetylase inhibitor, Science, **339**(6116), pp.211-214(2013)

★6章

38) 厚生科学審議会地域保健健康増進栄養部会・次期国民健康づくり運動プラン策定専門委員会「健康日本21(第二次)の推進に関する参考資料」p.158 www.mhlw.go.jp/bunya/kenkou/dl/kenkounippon21_02.pdf(2016年1月現在)

★7章

39) 大内尉義, 秋山弘子(編集代表), 折茂　肇(編集顧問)：新老年学, 東京大学出版会(2010)
40) Kuro-o, M., Matsumura, Y., Aizawa, H., Kawaguchi, H., Suga, T., Utsugi, T., Ohyama, Y., Kurabayashi, M., Kaname, T., Kume, E., Iwasaki, H., Iida, A., Shiraki-Iida, T., Nishikawa, S., Nagai, R., and Nabeshima, Y.I.：Mutation of the mouse klotho gene leads to a syndrome resembling ageing, Nature, **390**(6655), pp.45-51 (1997)
41) Colman, R.J., Anderson, R.M., Johnson, S.C., Kastman, E.K., Kosmatka, K.J., Beasley, T.M., Allison, D.B., Cruzen, C., Simmons, H.A., Kemnitz, J.W., and Weindruch, R.：Caloric restriction delays disease onset and mortality in rhesus monkeys. Science, **325**, pp.201-204(2009)
42) Mattison, J.A., Roth, G.S., Beasley, T.M., Tilmont, E.M., Handy, A.M., Herbert, R.L., Longo, D.L., Allison, D.B., Young, J.E., Bryant, M., Barnard, D., Ward, W.F., Qi, W., Ingram, D.K., and de Cabo, R.：Impact of caloric restriction on health and survival in rhesus monkeys from the NIA study. Nature, **489**, pp.318-321(2012)
43) Hayflick, L.：The cell biology of aging, J. Invest Dermatol, **73**(1), pp.8-14(1979)
44) 東京都老人総合研究所(編)：サクセスフル・エイジング—老化を理解するために—, ワールドプランニング(1998)

★8章

45) Harman, D.：Aging：a theory based on free radical and radiation chemistry, J. Gerontol, **11**(3), pp.298-300(1956)

★ 9 章

46) 放射線医学総合研究所放射線安全研究センターレドックス制御研究グループ http://www.nirs.go.jp/report/nirs_news/200201/hik5p.htm（2016 年 1 月現在）
47) Orr, W.C., Soha, R.S.：Extension of life-span by overexpression of superoxide dismutase and catalase in Drosophila melanogaster, Science, **263**(5150), pp.1128-1130(1994)
48) Kristal, B.S. and Yu, B.P.：An emerging hypothesis：synergistic induction of aging by free radicals and Maillard reactions, J. Gerontol, **47**(4), pp.B107-B114 (1992)
49) Noda, A., Ning, Y., Venable, S.F., Pereira-Smith, O.M., and Smith, J.R.：Cloning of senescent cell-derived inhibitors of DNA synthesis using an expression screen, Exp. Cell Res., **211**(1), pp.90-98(1994)
50) Wilmut, I., Schnieke, A.E., McWhir, J., Kind, A.J., and Campbell, K.H.：Viable offspring derived from fetal and adult mammalian cells, Nature, **385**(6619), pp.810-813(1997)
51) Katsimpardi, L., Litterman, N.K., Schein, P.A., Miller, C.M., Loffredo F.S., Wojtkiewicz, G.R., Chen, J.W., Lee, R.T., Wagers, A.J., and Rubin, L.L.：Vascular and neurogenic rejuvenation of the aging mouse brain by young systemic factors, Science, **344**(6184), pp.630-634(2014)

★ 10 章

52) Holmes, D.J., Ottinger, M.A.：Birds as long-lived animal models for the study of aging, Exp. Gerontol, **38**(11-12), pp.1365-1375(2003)
53) ロバート・E・リックレフズ，キャレブ・E・フィンチ（著），長野 敬，平田 肇（翻訳）：老化—加齢メカニズムの生物学—，日経サイエンス社(1996)

★ 11 章

54) Masoro, E.J., Austad, S.N.：The evolution of the antiaging action of dietary restriction：a hypothesis, J. Gerontol A Biol. Sci. Med. Sci., **51**(6), pp.B387-B391 (1996)
55) Colman, R.J., Anderson, R.M., Johnson, S.C., Kastman, E.K., Kosmatka, K.J., Beasley, T.M., Allison, D.B., Cruzen, C., Simmons, H.A., Kemnitz, J.W., and Weindruch, R.：Caloric restriction delays disease onset and mortality in rhesus monkeys, Science, **325**(5937), pp.201-204(2009)

156　引用・参考文献

56) がんを防ぐための新12か条
http://www.fpcr.or.jp/pdf/p21/12kajyou_2015.pdf(2016年1月現在)

★12章
57) 現行の食品の機能性表示制度及び規制改革の経緯
http://www.caa.go.jp/foods/pdf/siryo_2_1.pdf(2016年1月現在)

★15章
58) 厚生労働科学研究費補助金(政策科学総合研究事業(政策科学推進研究事業))総括研究報告書　生活習慣・健診結果が生涯医療費に及ぼす影響に関する研究　研究代表者 辻 一郎(2009年)

〈さらに学びたい人へ〉
　本書の執筆にあたっては以下の書籍を参考にした。より詳しい解説が必要な場合は参考にされたい。

★第1部，第2部
- 石井直明，丸山直記(編)：老化の生物学—その分子メカニズムから寿命延長まで—，化学同人(2014)
- 今井眞一郎，吉野　純(編集)：老化・寿命のサイエンス—分子・細胞・組織・個体レベルでの制御メカニズムの解明—，実験医学増刊，羊土社(2013)
- 近藤祥司(監訳)：老化生物学—老いと寿命のメカニズム—，メディカル・サイエンス・インターナショナル(2015)
- スティーヴン・N・オースタッド(著)，吉田利子(翻訳)：老化はなぜ起こるか—コウモリは老化が遅く，クジラはガンになりにくい—，草思社(1999)
- マイケル・R・ローズ(著)，熊井ひろ美(翻訳)：老化の進化論—小さなメトセラが寿命観を変える—，みすず書房(2012)
- ロバート・E・リックレフズ，キャレブ・E・フィンチ(著)，長野　敬，平田　肇(翻訳)：老化—加齢メカニズムの生物学—，日経サイエンス社(1996)

★第3部
- 大橋健一(著)：疾病のなりたちと回復の促進〈1〉病理学，医学書院(2015)
- 笹野公伸，岡田保典，安井　弥(編集)：シンプル病理学，南江堂(2015)

索　引

【あ】
悪性腫瘍　141
悪性新生物　141
アディポネクチン　37, 43
アデノシン三リン酸　70
アテローム　137
アナフィラキシーショック　130
アポトーシス　120
アミノ酸　102
アンチエイジング　3

【い】
異家貪食　126
一塩基多型　27

【え】
エイコサペンタエン酸　52
壊死　119
壊疽　120
エピジェネティック　83
エビデンス　18
エラー説　64
炎症　111

【お】
オーソログ　35
オートファジー　126

【か】
科学的根拠に基づいた医療　18
架橋　66
学際的　12
過酸化水素　65
カスパーゼ　122
画像診断　146

活性酸素種　33, 71
加齢　56
カロリー制限　93
ガン遺伝子　144
ガン抑制遺伝子　144

【き】
器官系　15
奇形　110
奇形腫　141
希少疾患　90
機能性食品成分　45
弓状核　95
凝固壊死　120
虚血　129

【く】
クロマチン　83

【け】
血液検査　146
血行性転移　146
結晶性知能　61
ケトン体食　46
ゲノム　4
健康寿命　2, 48, 56

【こ】
抗酸化酵素　65
抗酸化物質　33
高脂血症　52
恒常性破綻説　64
後天的素因　112
呼吸鎖　70
個体　15
骨粗鬆症　84
コルチコステロン　85
ゴンペルツ関数　9

【さ】
最大寿命　2, 56
細胞　16
細胞老化　76
サーチュイン　34
サルコペニア　60

【し】
死　56
ジェネリック　51
閾値仮説　148
閾値なし直線　148
シグナル伝達系　56
自己貪食　126
視床下部-下垂体-副腎皮質系　81
実験病理学　15
死の谷　7
脂肪壊死　120
脂肪酸　51, 102
死亡率　9
死亡率倍加期間　10
自由摂食　93
粥腫　137
粥状硬化症　137
寿命　2, 48, 56
腫瘍　111, 140
循環障害　111
症候群　60
初期死亡率　10
食物繊維　107
進行性病変　111
新生物　140
人体病理学　15
伸長反応　25

【す】

スニップ	27
スーパーオキシドラジカル	65

【せ】

生活習慣病	7
生活の質	2, 49
成長ホルモン	56
生物学的指標	98
生命科学	14
生理学	15
世界保健機関	11
セルフメディケーション	51
染色体不安定性	86
先天的素因	112

【そ】

臓器	16
相補的 DNA	27
組織	16
組織化学	22

【た】

退行性病変	110
体細胞突然変異説	64
多面的拮抗発現説	88
単糖	102

【て】

テーラーメード医療	27, 53, 147
テロメア	60, 78
テロメラーゼ	78, 80
転移	145
電子伝達系	70

【と】

特定保健用食品（トクホ）	54, 105
ドコサヘキサエン酸	52
トランスレーショナルリサーチ	6
トレードオフ	89

【に】

ニューロペプチド Y	40, 45, 95

【ぬ】

ヌクレアーゼ	121

【の】

ノックアウトマウス	42

【は】

バイオマーカー	46, 98
バイスタンダー効果仮説	148
播種	146

【ひ】

非アルコール性脂肪肝炎	136
非アルコール性脂肪性肝疾患	136
ヒストンアセチル転移酵素	35
ヒストン脱アセチル化酵素	35
ビタミン D	84
ヒドロキシルラジカル	65
病原体	17
病理学	3, 14
病理学的検査	146

【ふ】

フリーラジカル	33, 65
フリーラジカル説	64
フレイル	60
プロオピオメラノコルチン	95
プログラム説	64
分化	77
分岐鎖アミノ酸	102
分裂終了細胞	77

【へ】

平均寿命	56
ヘイフリック限界	5, 59, 77
ヘテロファジー	126
ヘモグロビン A1c	134
ヘルススパン	2
変性	24

【ほ】

泡沫細胞	137
ボディマス指数	139
ホモログ	35
ポリフェノール	33, 41
ホルミシス仮説	149

【み】

ミトコンドリア	70

【め】

メタボリックシンドローム	60, 94, 138
免疫組織化学	22

【も】

モデル生物	4

【ゆ】

融解壊死	120
遊走	131

【り】

利益相反	40
流動性知能	61
リンパ行性転移	146

【れ】

レドックス	73

【ろ】

老化	56
老化関連疾患	31
老化促進モデルマウス	46, 85
ロコモティブシンドローム	60

索引

【A】
age-related disease	31
AGEs	75
AL	93
ATP	70

【B】
BMI	139

【C】
cDNA	27
COI	40
CR	93

【D】
DHA	52
DNAポリメラーゼ	24

【E】
EBM	18
EPA	52

【G】
GH	56

【H】
HAT	35
HDAC	35
HDL	136
HE染色	24

【L】
LDL	136
linear non-threshold 仮説	148
LNT	148

【N】
NPY	40, 45, 95

【O】
OTC	50

【P】
POMC	95

【Q】
QOL	2

【R】
ROS	33

【S】
SNP	27, 52

【T】
TLO	54

【W】
WHO	11

―― 著者略歴 ――

- 1994年　関西学院大学理学部卒業
- 2001年　京都大学大学院医学研究科博士課程修了
　　　　博士（医学）
- 2001年　長崎大学医学部助手
- 2009年　長崎大学大学院医歯薬学総合研究科准教授
- 2012年　早稲田大学人間科学学術院准教授
- 2014年　早稲田大学人間科学学術院教授
　　　　現在に至る

はじめての老化学・病理学
― 人間科学のためのライフサイエンス入門 ―
First Steps for the Basic Life Science in Human Sciences :
Gerontology and Pathology

Ⓒ Takuya Chiba　2016

2016年4月22日　初版第1刷発行　　★

検印省略	著　者　千　葉　卓　哉
	発行者　株式会社　コロナ社
	代表者　牛来真也
	印刷所　萩原印刷株式会社

112-0011　東京都文京区千石4-46-10
発行所　株式会社　コ ロ ナ 社
CORONA PUBLISHING CO., LTD.
Tokyo　Japan
振替00140-8-14844・電話(03)3941-3131(代)
ホームページ　http://www.coronasha.co.jp

ISBN 978-4-339-07811-4　　（松岡）　　（製本：愛千製本所）
Printed in Japan

本書のコピー，スキャン，デジタル化等の無断複製・転載は著作権法上での例外を除き禁じられております。購入者以外の第三者による本書の電子データ化及び電子書籍化は，いかなる場合も認めておりません。

落丁・乱丁本はお取替えいたします

生物工学ハンドブック

日本生物工学会 編
B5判／866頁／本体28,000円／上製・箱入り

■ **編集委員長**　塩谷　捨明
■ **編集委員**　五十嵐泰夫・加藤　滋雄・小林　達彦・佐藤　和夫
（五十音順）　澤田　秀和・清水　和幸・関　達治・田谷　正仁
　　　　　　　土戸　哲明・長棟　輝行・原島　俊・福井　希一

21世紀のバイオテクノロジーは，地球環境，食糧，エネルギーなど人類生存のための問題を解決し，持続発展可能な循環型社会を築き上げていくキーテクノロジーである。本ハンドブックでは，バイオテクノロジーに携わる学生から実務者までが，幅広い知識を得られるよう，豊富な図と最新のデータを用いてわかりやすく解説した。

主要目次

I編：生物工学の基盤技術　生物資源・分類・保存／育種技術／プロテインエンジニアリング／機器分析法・計測技術／バイオ情報技術／発酵生産・代謝制御／培養工学／分離精製技術／殺菌・保存技術

II編：生物工学技術の実際　醸造製品／食品／薬品・化学品／環境にかかわる生物工学／生産管理技術

本書の特長

◆ 学会創立時からの，醸造学・発酵学を基礎とした醸造製品生産工学大系はもちろん，微生物から動植物の対象生物，醸造飲料・食品から医薬品・生体医用材料などの対象製品，遺伝学から生物化学工学などの各方法論に関する幅広い展開と広大な対象分野を網羅した。
◆ 生物工学のいずれかの分野を専門とする学生から実務者までが，生物工学の別の分野（非専門分野）の知識を修得できる実用書となっている。
◆ 基本事項を明確に記述することにより，長年の使用に耐えられるようにし，各々の研究室等における必携の書とした。
◆ 第一線で活躍している約240名の著者が，それぞれの分野の研究・開発内容を豊富な図や重要かつ最新のデータにより正確な理解ができるよう解説した。

定価は本体価格+税です。
定価は変更されることがありますのでご了承下さい。

図書目録進呈◆

ヒューマンサイエンスシリーズ

（各巻B6判，欠番は品切です）

■監　　修　早稲田大学人間総合研究センター

		著者	頁	本体
1.	性を司る脳とホルモン	山内 兄人／新井 康允 編著	228	1700円
2.	定年のライフスタイル	浜口 晴彦／嵯峨座 晴夫 編著	218	1700円
3.	変容する人生 ―ライフコースにおける出会いと別れ―	大久保 孝治 編著	190	1500円
5.	ニューロシグナリングから知識工学への展開	吉岡 亨／市川 一寿／堀江 秀典 編著	164	1400円
6.	エイジングと公共性	渋谷 望／空閑 厚樹 編著	230	1800円
7.	エイジングと日常生活	高木 知和／田戸 功 編著	184	1500円
8.	女と男の人間科学	山内 兄人 編著	222	1700円
9.	人工臓器で幸せですか？	梅津 光生 編著	158	1500円
10.	現代に生きる養生学 ―その歴史・方法・実践の手引き―	石井 康智 編著	224	1800円
11.	いのちのバイオエシックス ―環境・こども・生死の決断―	木村 利人／掛江 直子／河原 直人 編著	224	1900円

定価は本体価格+税です。
定価は変更されることがありますのでご了承下さい。

図書目録進呈◆